서문문고
310

한국의 굿놀이 (하)

마을굿 · 풍물굿 · 개인무굿

정수미 지음

참고문헌

- 단행본 -

김금화, 『김금화의 무가집』, 문음사, 1995
김진순, 『산이 산중이지 사람조차 산중이냐』, 삼척문화원, 1997
문화재 관리국, 『남해안별신굿 종합조사보고서』, 1996
문화체육부 문화재관리국, 『문화재대관-중요무형문화재편(증보)』, 서울, 1996
정병호, 『한국의 전통춤』, 집문당, 1999
문무병, 『제주도 무속신화』, 칠머리당굿보존회, 1998
한국민속사전편찬위원회, 『한국민속대사전 1·2』, 민족문화사, 1991
김수남, 『경기도 도당굿』, 열화당, 1983
서대석·최정여, 『동해안무가』, 형설출판사, 1974

- 자료 -

박흥주, 「전라도굿」,『굿』제 8 호, 굿연구소, 1996
차진룡, 「은산별신제」, 은산별신제보존회, 1996

- 팜플렛 -

「남해안별신굿 지방공연」, 남해안별신굿보존회, 1996
「거제 구조라 별신굿」, 남해안별신굿보존회, 1998
「제주도 칠머리굿(서울무대공연)」, 연강홀
「황해도평산소놀음굿」, 황해도평산소놀음굿보존회, 인천광역시(화도진공원), 1999
「제2회 전국청소년민속예술제」, 충청남도·공주시, 공주곰나루 관아건물, 1995
「제27회 중요무형문화재 발표공연」, 한국문화재보호재단, 1996
「제24회 중요무형문화재공연」, 한국문화재보호재단, 1993
「금산농악발표회 및 읍·면 마을농악단 발대식」, 금산문화원, 1998
「제 39 회 전국민속예술경연대회-삼척산메기」, 강원도, 1998
「제2회 외포리 곶창굿 정기발표회」, 외포리곶창굿보존회, 1998

1. 굿놀이 2부

[4] 풍물굿

→ **포수**
본래 굿패의 우두머리는 대
포수(포수)였으나 연희풍물
로 바뀌면 상쇠에게 그 지위
와 역할이 넘어가게 된다. 대
포수는, 한 쪽으로는 풍물패
를 지위하고 한 편으로는 굿
판에 모여든 구경꾼들을 조
정하고 놀려야 한다. 굿의 전
반을 다 조정하고 이끌어 가
는 중심역할이다. 월포문굿
에서는 여전히 포수가 상쇠
에 뒤지지 않는 역할과 기능
을 굿판에서 담당하고 있다.
포수 역할을 하는 연지남웅
은 사진을 찍을 당시 93살.

고흥 월포문굿

전라남도 고흥군 금산면 신평리 월포마을에서 전승되어 오던 풍물굿의 일종이다. 이 마을의 풍물굿은 전라도 서남해 안지방의 전투악 특성을 그대로 보여주고 있다. 임진왜란시 군영의 사기를 북돋우고 해상전투에서

징수

월포는 군악(군고)으로서의 굿이 성했던 지역에 속한다. 군령과 군법을 세우는데 있어 징의 기능과 역할은 무척 중요하다. 월포굿에서는 징의 중요성이 요구되어지는 굿을 여전히 지고 있다.

군령의 전달수단으로 쓰이는 등 적진을 공략하던 승전악에서 그 유래를 찾고 있다.

고흥군은 전라좌수영 소속으로 1관(현청)과 4개의 포(浦, 만호가 있던 수군진)가 있던 고을이다. 총 5개의 전라좌수영의 수군진포 중에서 4개의 포가 고흥군 관내에 있었다는 것은 그만큼 군사적 요충지였음을 의미하며, 수군의 군사훈련과 전투에 직접 활용되었던 풍물과 풍물굿이 무척 성하게 된 토대였다. 전통적으로 진포의 취청 출신 취고수들에

의해 전승되던 이 지역의 굿은 일제시대에 군악으로 간주되어 탄압과 저지를 받아 폐지상태를 겪기도 하지만, 해방과 더불어 다시 회복되는 역사를 갖고 있다. 봉래면 나로도의 박군선, 포두면 남성리의 김덕칠과 방홍규, 도화면 신호리의 김광열 등이 유명한 상쇠로 지금까지 회자되고 있으며, 이들의 제자들이 지금도 활약하고 있다.

고흥지방에서는 풍물굿을 매구(당산굿, 샘굿, 새립굿, 마당굿, 조왕굿, 안굿, 풍어제굿, 기우제굿, 배진수굿, 새집입택굿 등)와 군고(군악)로 구분하는 경향이 있다. 군고에는 문굿과 밤굿(판굿)이 있다. 문굿은 적진의 성을 마침내 함락시켜 열린 성문으로 입성한다는 내용으로 구성되어 있으며, 밤굿은 아군 진지에서 야경하면서 적을 방어하거나 격살시키는

당산굿 치는 모습

월포에서는 지금도 매년 음력 정월 초3일이면 당산굿을 친다. 월포 당산굿은 풍물가락으로만 짜여있으며 당산굿이 끝나면 샘굿을 치고, 이어서 바닷가 선장으로 가 선장굿과 뱃굿을 친다. 다시 마을민들의 힘으로만 막은 마을 앞 간척지로 이동하여 간척지굿을 친 다음에 본격적인 마당밟기로 들어간다.

당산굿
상쇠는 전립을 쓰는 것이 원칙이지만 촬영 당시 건강이 안좋아 전립 대신 고깔을 썼다.

무예와 야간전법훈련을 놀이로서 형상화한 굿이다.

정문삼채굿이라고도 하는 문굿은 고흥지방의 여러 마을에서 전승되어 오고 있으나, 월포마을이 현재까지 잘 전승하고 있다. 1991년도에 남도문화제에서 참가하여 우승을 하면서 두각을 나타내고, 1992

년 제33회 전국민속예술경연대회에서 문화공보부 장관상을 수상한 후, 1994년 전라도 지정문화재 제27호로 지정되기에 이른다. 본시 메구로서의 굿이 월포에 전승되고 있었으나 100여 년 전에 취청 출신의 취고수였던 김은선이란 사람이 월포에 문굿과 밤굿을 가르치면서 오늘에 이르게 되었다. 그 뒤 김은선─최치선─박홍규─진야무로 상쇠의 맥이 이어지며, 현재는 최병태 상쇠가 월포의 굿을 지키고 있다.

개꼬리상모

월포 쇠꾼들의 차림새는 전복에 개꼬리상모를 쓴다. 개꼬리상모는 물체와 새털(고니털)을 연결할 때 사용되는 재료가 부드러운 실이다.(그래서 '부들상모'라고도 한다) 실에 매달려 흔들리는 새털이 마치 개꼬리 같다 하여 붙은 이름으로서, 딱딱한 물체로 바로 연결되는 부포상모(뻣상모)보다 화려한 맛은 덜 하지만 기술적으로는 더 어렵다.

농기가 없고 영기가 굿패의 중심을 이루는 것이 여타 내륙지방의 굿과 다른 점이며, 쇠를 5짝 이상 쓴다든지, 북의 테두리를 집중적으로 치는 전투성 강한 방고놀이와 진법이 살아있어 전투악으로서의 씩씩함을 간직하고 있다. 아울러 굿을 진두지휘하는 대포수의 권위와 기능이 아직도

문굿
영기로 영문을 잡아놓으면 지배들이 2열 종대로 길을 만들어 문 앞에 포진한다. 그리고 영문을 열기 위한 문굿을 친다.(고흥문화원 농악단)

건재하는 등 굿패와 굿이 이뤄지는 군법도 살아있다. 가락은 빠르면서도 힘차다.

현재 월포에서는 매년 정월 초3일(음력)에 마을 제사를 지내면서 풍물굿으로 당산굿, 샘굿, 선창굿, 뱃굿, 간척지굿, 마당밟기, 잿굿(당굿), 밤굿 등을 치며 전승의 맥을 잇고 있다.

진주삼천포농악

경상남도 진주시와 삼천포 일원에서 전승되던 풍물굿이다. 경상도 풍물굿은 서부경남지역, 낙동강유역, 그리고 경상북도지방으로 다시 나눠볼 수 있다. 진주 삼천포 농악은 서부경남지역의 풍물굿에 속하며, 이 지역의 풍물굿의 전형을 잘 간직하고 있다. 서부경남지역의 풍물굿은 해안지방의 풍물굿의 특성

등맞이굿의 용개통통.
삼색띠를 양손에 잡고 나비춤가락(굿거리배의 느린 가락)에 맞춰 너울너울 춤을 추다가 용개통통가락(굿거리배의 느린 가락)으로 넘어가면 쇠꾼들은 원 안에서 쇠를 땅에 놓고 일어나 춤을 준다.

등맞이굿의 용개통통
쇠꾼들이 일어나 춤을 추
다 다시 앉은 다음 윗가락
을 다시 친다.

도 보이며, 전라좌수영지역 풍물굿과의 유사점도 발
견된다. 진주 삼천포 농악은 1960년대부터 전문가
들의 학술조사가 이뤄졌다.

　진양군 정촌의 박경호 상쇠의 뒤를 이은 김한로
상쇠가 있었다. 역시 정촌사람이었던 김한로는 삼천
포의 문백윤, 진주의 김수갑, 정삼수를 가르친다. 그
리고 하동이 고향인 진주인 황일백이라는 걸출한 상
쇠가 있어 국가는 삼천포의 문백윤과 진주의 황일백
을 묶어 '진주 삼천포 농악'이라 명명하고 1966
년 중요무형문화재 제11-가호로 문화재 지정을 한
다.

　'12차농악'이라고 더 잘 알려진 이 굿은 판굿

설장구 놀이의 다양한 발림들.
삼천포에서도 설장구가 전립을 쓰고 상모를 돌린다. 설장구를 치는 사람은 박염이다.

북놀이

이 12가지의 굿절차로 이뤄지며, 각 굿절차는 3가락을 기본으로 구성되기 때문에 총36가락 구성을 기본으로 한다. 아군의 사기를 돋우고 마침내 적을 물리친다는 내용으로 구성된 판굿이기에 그 가락과 굿도 매우 전투적이고 힘이 있다. 낙동강유역의 굿이나 경북지방처럼 큰 북은 없고 무동도 없다.

버꾸놀이의 다양한 모습
진주 삼천포 농악의 채상소고는 그 뛰어난 기예와 화려한 춤사위로 인해 일찍부터 그 명성이 자자하다. 버꾸놀이에는 단체 버꾸놀이와 개인놀이가 있다.

굿패구성은 농기수와 영기수2, 긴나발2, 새납, 쇠4, 징3, 북3, 장고4, 법고9~12, 양반, 집사, 포수, 허드레 광대 등의 잡색으로 이뤄진다. 복색은 모두 흰바지저고리에다 삼색띠만 띠며 모든 치배가 고깔

북 개인놀이가 끝나면 열두발 상모를 돌린다.

은 쓰지 않고 전립을 쓴다. 쇠꾼과 징수는 부들상모를 쓰며, 법고잽이는 채상모를 쓴다. 그래서 법고잽이들이 채상을 돌리면서 묘기에 가까운 자반뒤집기와 연풍대를 돌게 되는데 그 기예가 특히 뛰어나다. 지금은 자반뒤지기나 연풍대가 전국적으로 일반화되었으나 아직도 진주 삼천포 농악의 채상놀음은 그 뛰어난 기예와 어려운 기술로 인해 정복하기 힘든 놀음놀이로 알려져 있다. 쇳가락은 여느 경상도 풍물굿처럼 부드럽고 화려하며 빠르다. 그러면서도 남성적이다.

열두 발 상모놀이

보통 상모는 한 발 정도인데 비하여 이 상모는 열두 발이라는 표연에서 나타나듯 긴 생피지(종이)를 달고 재주를 부린다. 생피지가 너무 길기 때문에 양사를 칠 수 없어 외사를 계속 치지만 그 단조로움을 땅재주와 생피지 뛰어넘기 등의 재주로 극복한다.

남원 좌도굿

상쇠가 굿을 몰아가고 있다. 장구수도 장구를 지고 뛰면서 동시에 상모를 돌린다. 전 치배뿐만 아니라 잡색까지도 상모를 돌리는 점이 남원좌도굿의 큰 특징이기도 하다. 전투악으로서의 기능과 구성이 끼친 영향으로 보인다.

진안, 무주, 순창, 남원, 곡성, 구례, 승주 등 호남 내륙 산간지방의 굿은 김제, 정읍, 부안, 고창 등지의 호남 내륙 평야지대 굿과 차이가 난다. 비교적 느린 가락에 고깔을 쓰고, 화려한 발림과 기교 높은 음악 중심의 멋을 중시하는 등 연희풍물이 발달된 평야지대와는 달리 산간지대는 전치배가 전립을 쓰고 상모를 돌리며, 투박한 가락과 힘 중심의 집단놀이가 잘 발달된 두레굿과 군악 성격을 잘 아우르고 있다.

류명철상쇠의 개꼬리 상모놀음

상쇠는 영산굿을 치면서 가진 기예를 발휘하여 개꼬리 상모놀음을 한다. 개꼬리상모는 꽃봉오리처럼 만든 깃털을 물체에 실로 연결하여 만든 상모로서 전립의 테두리를 돌아가면서 콕콕 쪼아 가는 '전조시', 깃털을 뒤로 넘겨 개꼬리처럼 좌우로 흔들어 치는 '개꼬리', 깃털을 세워 깃털만 돌리는 '연봉놀이', 깃털을 전립 가장자리 위에 얹는 '또아리얹기' 등의 어려운 재주를 부릴 수 있다. 현재 이 모든 놀음을 자유자재로 할 수 있는 사람은 사진상의 인물인 류명철 상쇠가 유일하다.

현존하는 굿 중에서 남원 좌도굿의 판제는 산간지대 굿의 전형을 가장 잘 간직하고 있다. 남원은 예로부터 그 일대의 중심이었다. 지리적으로 지리산을 낀 산간지방과 연결되면서 남쪽으로는 금지평야를 배후에 두고 있어 물산이 아주 풍부하였고, 교통의 요지였으며, 행정의 중심지였다. 이를 바탕으로 한 문화(판소리 등)가 일찍부터 발달한 곳이기도 하다. 이런 토대 속에서 형성된 남원굿이기에 이 지역 풍물굿의 전형을 이룰 수 있었을 것이다.

남원시 금지면 상귀리의 류명철 상쇠가 전승하고 있는 남원 좌도굿은 바로 금지평야를 토대로 하여 발전하고 전승된 굿이다. 현재 전승되는 남원 좌도굿은 금지평야 내에 위치한 독우물마을굿(남원시 금지면 옹정리)을 근간으로 하고 있다.

현재 구전으로 확인되는 독우물굿의 연원은 조선조 말경으로 올라간다. 확실하지는 않지만 남원시 송동면 세전 태생으로 알려진 전판이라는 유명한 상쇠에 닿아 있다. 전판이는 당대에 전라도 내륙의 산간지방을 누리고 다녔다 한다. 전판이의 판제는 이화춘으로 이어지고 다시 크게 세 갈래로 퍼져나간다. 박학삼—송주호—양순용으로 이어지는 임실쪽 전승이고, 기창수—강순동—박대업으로 이어지는 곡성쪽 전승, 그리고 류한준—강태문—류명철로 이어지는 남원 금지지역 독우물 전승이다.

류한준은 항일애국지사인 류선장의 아들로서 처가인 독우물에서 살면서 굿을 치게 된다. 아버지의 항일운동으로 집안이 파괴되어 고향인 상귀리에 살지 못하고 각지로 머슴살이를 하다가 처가에 정착을 한다. 독우물은 걸출한 굿꾼들이 많았던 곳으로서 1950~60년대 전국적인 명성을 떨친다. 당시 30여 명으로 조직되어 있었는데 전 굿패가 독우물 한 마을로 구성되어 있어서 그 명성이 높았다. 정부수립과 이승만대통령 취임 축하를 위해 창경궁에서 열린 전국농악대회에 전라북도 대표로 참가하여 입상함으로써 전국적인 명성을 얻게 된다. 이때 독우물굿의 치배들이 주축을 이뤘기 때문이다. 그 뒤 독우물

도둑잽이굿
도둑잽이굿이란 도둑인 적장을 잡아 목을 베어 물리치기 위해 하는 굿으로 판굿의 정점이다. 남원좌도굿에서는 적장이란 인물영이 뚜렷이 부각되지는 않지만 대포수가 잡색들과 노름을 하다 죽는다든지, 아군인 치배들이 대포수(적장) 장례를 치러준다든지 하는 내용과 구성은 대포수가 적장으로 뚜렷이 부각되는 서남해안 지방의 도둑잽이굿과 똑. 도둑잽이굿은 잡색들의 놀음굿으로서 재담과 연의가 중심이다.

굿은 전국의 여러 농악경연대회를 휩쓸고 다녔다. 류한준의 뒤를 이은 강태문 상쇠와 그 밑에서 굿을 배운 류명철 상쇠는 1960년부터 1962년까지 전국을 도는 포장걸립, 남원·순창·곡성 등지의 정초 마을굿, 여성농악단과의 합류 등 전국을 누볐다.

독우물굿을 온전히 전승하고 있는 류명철 상쇠가 개인적인 사정으로 죽 굿을 쉬었다가 1992년부터 활동을 다시 재개하여 제자들 중심으로 1997년 금지면 상귀마을에서 좌도 남원농악 판굿 발표회를 가지면서 독우물굿은 새로운 전기를 맞는다. 1998년에 전라북도 지정 무형문화재 제7-4호 상쇠 기능

문굿
상쇠가 화관을 들고 춤을 추다 잡색 중 각시 둘에게 차례로 다가가 머리에 화관을 씌워준 다음 영기 앞으로 데려온다. 각시들은 영기 앞에서 상쇠와 함께 춤을 춘다. 마침내는 상쇠가 각시에게서 화관을 벗겨내어 불태워 버린다.

보유자로 지정을 받았다.

남원 좌도굿은 개꼬리상모놀음을 유일하게 전승하고 있으며, 잡색들까지도 상모를 쓰며, 판굿의 판제를 완벽하게 재현해내고 있다. 특히, 판굿은 앞굿과 후굿으로 나누인다. 앞굿은 전투를 나가기 전의 군사훈련과 사기진작을 위한 굿거리로 짜여 있으며, 후굿은 적을 물리치고(도둑잽이굿), 확인사살(탐모리굿) 한 후에, 개선(문굿) 하여, 인원점검(점호굿)을 마친 후, 해산(혜침굿) 하여 승리축하와 휴식(개인놀이) 하는 내용으로 짜여 있다. 그 구성의 완벽함과 전투악으로서의 규율이 굿에 잘 나타나 있어 주목거리다.

점오굿(북)

북이 점오를 받는 모습. 점오는 꽹과리, 소고, 북, 장구, 징의 순서로 이어진다. 상쇠 앞으로 나와 점오를 받는 군중은 각 지배의 어른, 즉 설소고, 설북, 설장구, 설징이 된다.

채상소고놀이

남원 좌도굿은 고깔소고를 쓰지 않고 채상소고를 쓴다. 치배가 개인적으로 갖고 있는 기예를 최대한 발휘할 수 있는 개인놀이마당이 남원좌도굿 판굿에서는 전투(도둑잽이)를 마치고 무사히 돌아온 군중들의 유식 목적으로 배치되어 있다. 개인놀이가 판굿의 정점인 연의풍물하고는 전혀 다른 구성이자 특징이다.

임실 필봉굿

전라북도 임실군 강진면 필봉리에서 전승되던 풍
물굿이다. 마을 이름은 이 마을을 감싸고 있는 필봉
산(붓끝이 모아지듯 정상을 향해 반듯하게 산자락
이 마을 서쪽으로 모였다 하여 붙은 이름)에서 따 일
제시대에 붙여진 것이다. 이 마을은 산세가 험하기
때문에 농토의 규모가 작고, 논농사보다는 밭농사가
주를 이루고 있다.

질굿(이동하면서 치는 굿,
길굿)을 치면서 이동하고
있다. 여기 있는 사진들
은 남원광안루에서 임실
필봉굿 발표회 때 촬영했
다.

당산굿.
필봉마을에는 2 개(윗당산, 아랫당산)의 당산이 있는데, 정월 초아흐렛날 이곳에서 당산제를 지낸다. 이 때 당산굿을 친다. 걸궁을 일으켜 이웃 마을을 방문할 경우, 들당산굿을 치고 들어가 그 마을의 당산에서 당산굿을 쳐야한다.

대표적인 필봉굿은 섣달 그믐에 치는 매굿, 정초에 치는 마당밟기, 정월 아흐레에 치는 당신제, 보름날에는 찰밥걷기굿과 징검다리에서 치는 노디고사굿, 보름 지나서 다른 마을로 걸궁하며 치는 걸궁굿(걸립굿), 여름철 김매기 철에 치는 두레굿, 큰 굿을 치기 전에 치는 기굿, 밤에 치는 밤굿 등이 있다. 굿머리를 일채부터 단계별로 쳐올라가는 채굿이 정립되어 있으며, 갠지갱굿 · 짝두름 · 질굿 · 영산다드래기 등이 잘 전승되고 있다.

소박한 상태이지만 본시 마을 자체내의 풍물굿이 있었으리라 추측되며, 현재의 굿 형태로 체계를 잡은 것은 같은 강진면 출생의 박학삼을 초청하여 굿을 배우면서부터로 보고 있다. 110여 년 정도 전의 일로서 박학삼 판제의 계보를 따져올라가면 남원출

대포수

필봉굿의 대포수는 잡색의 수장으로서 굿의 절차와 내용을 잘 알고 있는 사람이다. 역할은 치배나 구경꾼의 잘못을 지적하거나 바로 잡으며 도둑잽이에서는 상쇠와 둘이서 극성(劇性)있는 연희를 수행한다.

마당밟기를 하면서 철룡굿을 하고 있다.

마당밟이 (성주굿)

본시 필봉마을의 마당밟
기는 조왕굿이 가장 크다.
문굿을 치고 집 대문으로
들어가면 제일 먼저 조왕
굿을 한다. 그리고 철룡
굿, 집안 샘굿, 곡간굿, 외
양간굿, 측간굿, 성주굿으
로 진행되는 것이 일반적
이다. 임실 일원에서는 간
략하게 굿을 칠 경우 조왕
굿을 치면서 성주굿을 함
께 쳐버리는 경우도 많다
고 한다. 사진의 상황은
여러 채의 건물을 한 울타
리 안에 거느린 영업집인
관계로 합동 성주상을 마
당에 차려놓고 성주굿을
먼저 했다.

생의 전판이에 이른다.

역시 전판이판제의 한 지류인 남원 금지면의 류남
영판제와 비교하여 볼 때, 필봉굿은 두레굿적인 성
격이 강하다. 남원굿은 군악으로서의 성격과 이 지
역 풍물굿의 전형 (특히 판굿) 을 간 간직하고 있음에
비해, 산간의 조그만 농촌마을 (필봉) 에 굿이 전파되
면서 두레굿 성격이 많이 강화된 것으로 보인다. 이
점이 80년대에 들어 농악, 정읍농악, 사물놀이 등
연희풍물에 대한 반작용으로 주목을 받게 된 필봉굿
의 매력이다.

그래서 연희풍물화하지 않은 두레풍물 성격을 잘
간직하고 있는 필봉굿은 80년대 들어 대학가를 중
심으로 주목받기 시작한다. 비록 화려하지는 않지
만, 급하지 않은 장단의 속도, 질박하면서도 힘이 있

는 가락과 신명, 마을공동체의 정서와 정신이 잘 살아있는 굿, 이를 바탕으로 마을공동체의 통합기능을 잘 수행해온 역사로 인해 농악이나 사물놀이를 업으로 삼지 않는 젊은 풍물인 애호가들에게 많은 사랑을 받았다. 1990년대에 들어서면 한 해 200여 개 단체이상의 3,000여 명 내외의 학생과 일반인들이 필봉굿을 전수하게 되어 이제는 전국적인 풍물굿으로 이미 정착을 하였다.

전판이 – 이화춘 – 박학삼 – 송주호 – 양순용으로 이어진 필봉굿은 1975년에 전주대사습놀이에서 장원을 하면서 주목받기 시작하였다. 1980년에는 필봉굿을 전국에 제대로 알리기 위해 마을 전체가 합심하여 전문가와 학생들을 마을로 초청하여 굿판을 벌였으며, 1984년에도 재차 마련한다. 1984년

마을 마당굿

마당밟기를 하는 사이에 동네 큰 공터에서 마당굿을 펼치기도 하고, 마당밟기의 끝인 대보름을 즈음하여 마당굿을 크게 마련하기도 한다. 이 마당굿은 밤에 마당에 장작불을 피워놓고 판굿을 쳐야 제격이다.

고깔소고춤을 추고 있는
젊은 소고꾼. 필봉풍물굿
은 젊은 제자들을 많이 배
출하였다.

전국민속예술경연대회에서 국무총리상을 받게 되며,
남원군 보절면 호동마을로 혼자 이거한 양순용 상쇠
가 본격적으로 전수사업에 전념하여, 1988년에는
중요무형문화재 제11-마호로 지정을 받았다.

강릉 농악

상공원

강릉농악에서는 상쇠를 상공원이라 부른다. 상공원은 머리에 흰 수건을 쓰고, 빨간 꽃을 이마에 단 다음 상모를 쓴다. 상모는 길이 90 여 cm 정도 되는 상모지 두 가닥을 다는데 상모지 끝은 제비조리(역삼각형 모양)로 만든다.

왕덕굿 소고놀이

강릉 농악은 본시 제의성이 짙은 신악(神樂)으로 추측이 되고 있으나, 현재는 신에게 봉납되었던 가무는 찾아볼 수 없고, 그 의식적인 면도 이미 사라져 오히려 오락적인 예능으로 변모되었다는 평가는 받는다.

강원도의 풍물굿은 태백산맥을 경계로 하여 영동

방망이 상모

강릉 농악에서 사용하는 상모는 독특하다. 사진에 보이는 상모는 방망이상모라는 것으로 징, 장구, 큰북, 소고에 사용된다. 방망이상모는 물체 대신에 방망이 모양의 펵(25cm 정도)을 다는 것이 여느 채상모와는 다르다. 상공원과 법고는 이 펵에 문중이를 오려 만든 상모지를 단다. 펵은 흰색으로 만들며, 소고는 끝을 붉게 물들여 덧붙이기도 한다.

큰북수가 노는 모습

지방과 영서지방으로 분명한 차이를 보인다. 영서지
방의 굿은 경기도나 충청도의 풍물굿과 큰 차이가
없다. 강릉 농악은 영동지방의 굿에 속하며 강릉시
에서 전승되고 있는 풍물굿이다.

굿패의 구성은 농기, 새납, 상공원(상쇠), 부쇠,

삼쇠, 징2, 큰북2, 소고수8, 법고수8, 무동8으로
편성되는 경우가 많다. 법고와 소고가 확연하게 구
별되는 점이 다른 지역과 다른 특성이다.

그리고 상모의 모양새가 독특하다. 쇠꾼들은 상모
지가 달린 벙거지를 쓰고 삼색띠를 두른다. 상공원
만 연초록의 등지기를 걸친다. 징, 장고, 북, 소고수
는 방망이상모가 달린 벙거지를, 법고수는 긴 상모
지를 단 벙거지를 쓴다. 이들 외엔 고깔을 쓴다. 쓰이
는 가락에는 일채, 삼채, 길놀이가락, 굿거리, 이채,
사채 등이 있다. 쇠가락에는 잔가락이 적으며, 단순
한 외가락 위주로 되어 있으나 매우 흥겹다. 굿가락
과 놀이가락이 어울려 벌이는 황덕굿, 쩍쩌기, 두루

무동쌍기
개인놀이에 들어가면 무
동쌍기를 하는데 보통 삼
동고리(3층 쌍기)로 많이
쌍는다.

삼동고리
삼동고리의 맨 위에는 법고수가 한 사람 올라가 열두 발 상모를 돌리기도 한다.

치기 등의 판굿과 옛조상들의 농사모습, 길쌈모습 등을 놀이로 형상화한 농사풀이는 영동지방 풍물굿의 가장 큰 특색으로 평가받고 있다.

현재 연행되는 판굿의 구성을 자세히 살펴보면, 인사굿으로 시작하여 멍석말이, 황덕굿무동놀이, 진놀이, 지신밟기, 팔진도, 농사풀이, 개인놀이, 뒷굿으로 되어 있다. 강능 농악의 농사풀이는 가래질, 논갈이와 논삼기, 못자리 누르기, 모찌기, 모심기, 논매기, 낫갈기, 벼베기, 벼광이기, 태치기, 벼모으기, 방아찧기 등 여러 가지다. 지신밟기(고사반)는 사설이 길고 다양하다. 개인놀이에는 단동고리, 삼동고리, 법고춤, 장고춤, 열두 발 상모 등을 하게 된다.

단공고리와 삼동고리는 무동놀이다. 강릉 농악에는 다섯 층까지 쌓아올리는 5동고리받기까지 있다. 강릉 농악의 무동받기는 탑을 쌓듯이 입체적으로 올리는 점이 독특하다. 원래는 평면적으로 쌓은 웃다리농악의 무동쌓기와 차이가 없었으나 일제시대에 서커스단의 영향을 받아 현재의 모습으로 바뀌었다고 한다.

강릉 농악은 1985년 중요무형문화재 제11-라호로 지정되어 보존되고 있다.

빗내 농악

경북 금릉군 개령면 빗내마을(광천동)에서 대대
로 전승되어 오던 풍물굿이다. 빗내는 전형적인 농
촌마을로서 삼한시대부터 마을이 형성된 것으로 전

해진다. 이 일대는 삼한시대의 감문국(甘文國)이 있던 지역으로 서기 231년에 신라에 병합된다. 빗내마을에서는 감문국의 '나랏제사'와 풍년제

북수들이 뛰며 진풀이를 하고 있다. 경상도 풍물굿은 대북을 쓰며 북놀이가 발달해 있다. 장구가 발달되고 큰북의 비중이 희박한 전라도 굿과는 다른 점이다.

무동놀음

가 마을굿(음력 정월 6일) 형태로 전승되어 왔다고 전한다. 동제와 더불어 풍물놀이와 줄당기기가 진놀이 방식으로 행해졌다.

마을에서는 빗내 농악이 여느 농악과는 달리 '빗신(神)'과 전쟁에서 유래하는 진(陣)굿으로 전승되어 왔다고 주장한다. 빗신은 빗내 마을의 신으로서 지대가 낮아 수해가 잦은 빗내의 수해를 방지하고, 동네의 안녕을 위해서 빗신굿이 행해졌다. 무당을 초빙하여 동네풍물패와 함께 동네 집돌이를 한후에 무당과 풍물패를 둘로 나눠 줄다리기를 했다. 3년마다 거행해오다 80여 년 전부터는 10년 주기로 거행됐으며, 새마을 운동이 전개되면서 동제와 풍물놀이가 없어짐과 동시에 중단되었다.

1970년대 중반에 빗내 마을이 군 농악 시범마을로 지정되면서 풍물놀이가 부활되었으며, 현재는 경상북도 지정문화재 제8호로 지정되어 전수되고 있다. 특히, 굿이 중단되었다가 바로 부활할 수 있었던

채상모를 돌리며 소고춤을 주고 있다. 빗내농악의 채상소고는 반자반뒤집기의 몸짓이 특징적
이다. 자반뒤집기 기예에도 보여준다.

것은 상쇠의 계보가 확실하게 전해내려 오는 전승토대에서도 찾을 수 있다. 1670년대 무렵 경북 선산 수대사라는 절에 스님으로 있으면서 절 걸립을 하고 다녔다는 정재진 상쇠를 이어, 이군선이라는 사람이 정재진을 따라 2년간 진굿을 배웠다고 한다. 이후로 윤상만 – 우윤조 – 이남훈 – 김홍엽 – 한기식 – 손영만으로 이어지는 상쇠계보는 5대 이상 그 연도와 계보가 명확하다는 점에서 관심을 끈다.

빗내에서는 1970년대까지만 해도 농악이라는 말을 사용하지 않고 "두레친다" 혹은 "걸립한다", "매구친다" 라 하였다. 현재의 굿패 구성은 농기, 영기, 쇠, 징, 대북, 장구, 소고, 잡색으로 이뤄진다. 쇠꾼은 쾌자를 덧입고 반부들상모에 전립을 쓰고 징수와 장구수는 삼색띠에 종쇠와 같은 차림이며, 소고는 전립에 채상을 돌리며, 북은 고깔에 삼색띠를 두른다. 굿은 당산굿, 빗신굿, 6월 두레논을 맬 때 치는 두레굿, 지신밟기, 판굿(오방진풀이 – 판안다드래기 – 잿북 – 영산다드래기 – 진굿) 등이 있으며, 가락은 12가락을 기준으로 하여 정리하는데 골메굿(길굿), 마당굿, 반죽굿, 도드래기(빗신할 때 지신밟기, 판안다르라기, 영산다드라기에 쓰이는 잦은 가락), 기러기굿, 영풍굿(상쇠와 중쇠가 품앗이를 할 때 사용하는 가락), 허허굿, 채굿, 영산다드래기, 진굿, 상사굿(지신굿) 등이 있다.

평택 농악

채상소고놀이
리본처럼 길게 늘어뜨린 한지(나비상)를 돌리며 노는 채상소고놀음이다. 부전지라고도 하는 나비상의 길이는 보통 장정의 한 발 정도이다. 본래는 2 줄(길고 짧게 차이를 둠)로 나비상을 매고 한지의 끝을 역삼각형 형태가 되도록 잘라(강릉 농악에서는 이를 '제비조리'라 함)를 매달았으나 지금은 한 줄로 바뀌었다.

경기·충청 풍물굿의 대표적인 굿이다. 경기도 평택군은 소샛들(소사벌)이라는 넓은 들을 끼고 있어 예로부터 농산물이 풍요했다. 이를 배경으로 한 두레풍장굿의 성격과 남사당패 등 전문 걸립패들의 연희농악이라는 성격이 복합적으로 섞여 있다.

평택에서 가까운 안성에 있는 청룡사라는 절은 남사당패들의 중요한 근거지 중의 하나였기 때문에 이의 영향을 받은 것으로 보인다. 평택 농악으로 알려진 팽성읍 평궁리(평택읍에서 2km쯤 떨어져 있는

농촌마을)는 전통적으로 지신밟기나 두레굿을 세
게 쳐왔던 마을이긴 하지만 이 마을의 상쇠인 최은
창옹은 최근까지도 중요무형문화재 제3호인 남사
당농악과 같이 굿을 치기도 한 것으로 보아 사당패
농악으로부터 상당한 영향을 받았을 것이다.

무동놀이
보통 무동은 2층으로 태
우지만 평택농악과 강릉
농악에서는 3층 이상으
로 무동을 쌓는다. 이는
곡예적인 성격이 강해 구
경꾼들의 탄성과 관심을
자아내게 한다.

3층을 쌓은 다음 좌우로 새미(무동)를 한 명씩 더 올려 5명이 무동을 쌓고 있다.

1980년에 이 마을 쇠꾼들이 중심이 되어 평택, 안성 등지의 농악명인들을 모아 경기농악단이라는 이름으로 전국민속예술경연대회에 참가하여 입상하면서 주목을 받기 시작한다.

굿패의 구성을 살펴보면 농기, 영기, 새납, 쇠, 징, 북, 장고, 법고, 잡색으로 편성하되 8잽이, 8법고, 8무동이 기본이다. 평택 농악은 잡색에 대포수가 빠지고 무동과 사미, 양반 등이 있는데 무동의 수가 많다는 특성을 보인다. 쇠, 장고, 법고수는 벙거지(전립)을 쓰며 새납, 징, 북수는 고깔 또는 벙거지를 쓴다. 벙거지의 물채엔 나비상을 단다.

굿가락은 기본적으로 칠채-마당칠채-쩍쩍이-자진가락-더드래기-자진가락-삼채-쩍쩍이-자진가락-(물채가락)-영산더드래기-연풍대가락으로 진행된다. 특히 길군악칠채는 다른 지역과 구분되며, 가락의 가림새가 분명하다. 판굿의 진풀이는 사각행진놀이와 디귿자형놀이가 특이하며 노래굿이 있다.

무엇보다도 평택 농악 하면 무동놀이를 연상하게 된다. 무동놀이는 무동춤과 무동타기로 구분된다. 무동타기는 현재 보통 3층까지 올라간다.

1985년에 평택 농악은 중요무형문화재 제11-라호로 지정되어 보존되고 있다.

안성 남사당놀이

안성은 평택, 오산, 송탄, 수원, 안산을 중심으로 한 경기도 굿의 권역에 속한다. 대개 이 지역의 굿은 해방이후 전문연희패가 성행하였다. 일제 강점기를 거치면서 마을의 굿들은 쇠퇴기를 맞는다. 전쟁물자 확보를 위한 유기공출로 인해 굿물을 강탈당한 게 결정적인 요인이었다. 해방이 되면서 다시 굿이 전

국적으로 일어나는데 이 지역은 주로 전문 기량과
연희력을 갖춘 걸립패들의 활약이 두드러졌다. 일제
시대에도 사라지지 않고 명맥을 비교적 유지한 토대
때문이었다. 촌걸립, 난걸립, 절걸립이 주류였다.

  걸립패 중심의 활동은 1970년 초반까지 계속된

당산 벌림에서 무동놀이
가 끝난 우, 제자리로 돌
아가고 있는 무동들

상쇠 개인놀음
김기복 상쇠가 개인놀음을 하고 있다. 그가 쓴 상모는 반부들상모라는 것으로 뻣상모와 개꼬리상모의 중간형태다. 개꼬리상모와 형태나 구조에 있어 별반 차이가 없지만 물체와 부포가 직접 연결되어 있는 점이 다르다.

상쇠 개인놀음

버나돌리기

안성 남사당농악에는 무
동타기가 끝나면 버나돌
리기로 이어진다. 버나돌
리기는 남사당놀이로서
김기복 상쇠가 직접 돌리
기도 한다. 김기복 상쇠
는 10대 초반부터 남사
당패에서 생활한 경력의
소유자다. 일반적인 풍물
패나 농악대에서는 볼 수
없는 놀이다.

다. 그러나 도시화·산업화로 걸립활동이 위축되다
가 결국 1970년대에 접어들면서 이마저도 소멸하
게 된다. 농촌의 피폐화와 이농현상, 난장의 소멸이
만들어 낸 결과다. 이 중에서 절걸립이 비교적 오래
남았다. 이후 농악이라는 이름으로 관이 주도한 농
악경연대회를 통해 명맥유지가 이어진다.

   현재 남사당농악을 이끌고 있는 김기복 상쇠도 유
랑전문연회활동 출신이다. 남사당놀이인 버나돌리

소고 개인놀이
채상소고가 상쇠의 가락
에 맞춰 양상을 임웠게 치
고 있다.

기를 상쇠개인놀음에 첨가하여 보여주는 등 남사당
패와의 밀접한 영향관계를 판속에서 보여주고 있다.
그리고 단체의 이름을 자칭 '남사당놀이' 라 부
르고 있다.

　단체의 구성은 농기2 (수기1, 암기1), 영기2 (청
기1, 홍기1), 나발, 호적, 쇠3, 징2, 장구5, 북5, 버
꾸6, 무동7, 중애(사미, 새미 ; 무동 뒤에 늘 따라다
니며 무동과 같이 움직인다), 양반 등이다. 특기할

것은 안성버꾸와 무동은 육버꾸, 칠무동을 기본으로 한다는 점이다. 기수, 나발수, 호적수는 흰 수건을 머리에 두르고 흰 꽃을 단 다음, 그 위에 북상모(짧은 채상모)를 쓴다. 쇠꾼은 이마에 검은 두건을 두르고 흰 꽃을 단 다음 그 위에 북상모를 쓴다. 징수, 장구수, 북수, 버꾸수는 물체가 짧은 채상모를 쓰고 이마에 흰 꽃을 단다. 무동은 댕기에 노란 저고리와 빨간색 치마를 입는다. 그 위에 남색 쾌자를 걸치고 삼색띠를 열십 자 모양으로 두른다.

굿의 짜임은 길놀이 – 인사굿 – 돌림버꾸 – 오방진 – 마당놀이 – 당산벌림1, 2 – 절구버꾸 – 사통백이 – 옆치기 – 대대옆치기 – 가새백이 – 쩍쩍이 – 소리굿 – 말버꾸 – 개인놀이 – 무동타기 – 버나돌리기 – 열두 발 상모돌리기 – 인사굿이다.

안성 남사당놀이는 가락이 힘차고 섬세하며, 느리고 빠른 가락을 골고루 쓴다든지, 웃놀음인 상모놀이와 아랫놀음이 골고루 발달되어 있다든지, 깨끼춤 · 쾌자춤 · 쩍쩍이춤 등의 무동춤과 단무동 · 맞무동 · 삼무동 · 사무동 · 오무동 등 무동타기가 발달되어 있다는 평가를 듣는다. 이는 사당패놀이의 전문 연희농악과의 깊은 상관관계 속에서 형성된 결과다.

영광 우도농악

일찍이 영광의 굿은 이웃한 장성, 무장(現고창군 무장면) 과 더불어 '영무장농악' 이라 불리었던 굿문화권에 속한다. 그래서 같은 호남 평야지대이면서도 바로 이웃한 정읍, 부안, 김제평야의 굿하고는 차별성을 갖는다.

영광읍에서는 정초에 무령리와 신청리 걸궁 사이에 치열한 굿다툼이 벌어지곤 하였다. 두 마을이 경쟁적으로 굿패를 꾸려 기예와 재주를 겨룬 전통은 영광굿이 발전하는데 자극제로 작용한다. 외부의 재

영광 우도농악이 서울에 올라와 공연을 하고 있는 모습.(예술의 전당 한국정원에서,1998)

주있는 굿쟁이들을 사다가 굿패를 결성하곤 하였기 때문이다. 전경환 상쇠의 판제를 골간으로 한 현재의 영광 우도농악은 영무장농악의 전통을 이어받은 영광읍 무령리굿과 낭걸립패들이 하던 신청농악이 결합된 바탕에, 화려한 기교와 가락을 가미할 수 있었던 영광의 전경환 상쇠와 법성포 김오채 설장구의 시대감각이 아우러져 정립된 걸궁농악이다.

영무장농악은 두 갈래의 전승계보가 있는 것으로 알려져 있다. 박귀바위, 최화집, 강성옥, 정호풍, 박

짝쇠
영광우도농악에서는 짝쇠과 우쇠의 구분을 코가 비뚤어진 방향으로 한다. 짝쇠는 코가 탈을 쓰는 광대의 입장에서 짝즉으로 구부러져 있다.

우쇠
쇠부의 하나다. 우쇠부를 줄여서 우쇠이라 부른다. 쇠부는 짝쇠부, 우쇠부하여 대개 2명 등장한다. 대포수의 명을 수행하거나 보좌하는 참모 역알로서 걸궁굿이나 걸립굿에서 마을과의 협상대표로 나가 그 결과를 기다리는 본대에 알려주는 역알 등을 한다.

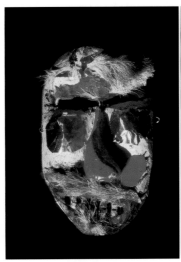

성근, 나덕복, 전경환의 흐름과 성기만, 임대은, 신영찬, 신두옥, 김상구의 흐름이다. 그 중에서도 최화집은 군법과 굿머리에 밝았던 것으로 알려져 있으며, 장성 출신이다. 전경환은 어린시절 최화집으로부터 굿을 사사받아 지금의 판제와 기능을 정립하는데 밑거름으로 삼았다.

1973년 전경환 상쇠를 중심으로 영광, 광주, 무안, 고창 등지의 전문농악인들이 '우도농악계'를 조직하여 매달 1회씩 모여 연습을 해오다 1987년 전라남도 지방문화재 제17호로 지정을 받아 전승의 기틀을 마련한 후, 1990년 호남우도농악영광보존회를 발족시켜 법인화하였다.

양반
백색 도포를 입고 머리에는 정자관을 쓰며 손에는 담뱃대와 부채를 든다.

굿패의 구성을 보면 농기1, 영기2, 나발1, 새납1, 쇠4~6, 징3~4, 장구6~8, 통북8~10, 소고20~25, 잡색9~11, 무동2이다. 쇠꾼들은 뼛상모를 쓰며, 나머지 굿꾼들은 삼색띠에 고깔을 쓴다. 특히, 잡색은 나무탈을 쓰고 놀음놀이를 한다. 현존하는 농악에서 바가지탈을 쓰는 사례는 있으나 나무탈을 쓰는 경우는 영광 우도농악이 유일하

참봉

옥색 도포를 입고 허리에 술띠를 맨다. 머리에는 해학적인 표현으로 보통 갓보다 훨씬 큰 갓을 머리에 쓰며 한쪽 다리에만 대님을 묶는다.

쪼리승
외색 장삼에 송낙을 머리에 쓰고 등에 바랑을 짊어진 스님이다.

각시
한복 치마저고리로 평상복 차림이다. 고깔을 쓴다.

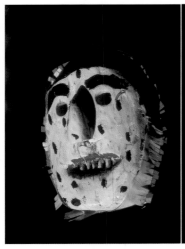

잡색놀음

다. 무령리굿에서 전승되던 탈과 탈놀이로서 대포수, 양반, 참봉, 할미, 조리중, 좌창부, 우창부, 비리쇠, 홍작삼, 각시 및 큰애기들이다.

굿은 걸궁굿을 칠 때 마을 진입을 위한 문굿, 그리고 당산굿, 철용굿, 샘굿, 들당산굿, 마당밟기, 판굿, 줄굿, 날당산굿 등으로 이뤄져 있다. 줄굿을 밤에 하는 것이 독특하며, 줄다리기가 끝나면 당산에 이 줄을 감는다.

가락은 일채, 일채덩덕궁이, 이채, 음매갱, 된삼채, 늦은삼채, 벙어리삼채, 오채질굿, 오채굿, 오방진가락, 호호굿가락, 구정놀이, 덩더궁이 등이 쓰인다. 전반적으로 가락이 약간 느린 편이며 벙어리가락을 많이 쓰는 점도 한 특징이다.

진도 고군걸굿

진도군 고군면 오산리, 지수리, 지망리 일대에서 전승되어 오던 굿을 토대로 하여 정립한 걸궁굿(걸굿)이다.

오산리는 현재 고군면 소재지 마을로서 300여 호나 되는 큰 마을이다. 지수리는 본래 오산리였으나 인구 증가로 분리되었으며 현재 80여 호의 주민이 살고 있다. 지망리는 70여 호에 이르는 이웃 마을이다. 이 세 마을은 전형적인 농촌으로서 예전부터 논농사와 밭농사를 함께 지어왔다. 과거 이 지역에서

굿을 이끌고 있는 상쇠
벙상모를 쓰고 있다. 본래 이 지역에서는 상쇠까지도 고깔을 썼으나 벙상모를 도입한 것은 화려한 모양새나 기술 중심으로만 평가하는 근자의 입맛을 무시할 수 없어서이다.

쇠꾼이 징수와 장단을 맞
주며 얼르고 있다.

는 정초에 마을제사를 지낼 때 거리제(당굿)과 매굿
을 쳤으며, 농사철에서는 절로소리(김매는 소리),
먼데소리(모뜨는 소리), 상사소리(모심기 소리)를
부르면서 굿을 울렸고, 초상이 나면 상여를 나가면
서 풍물을 쳤다.

한편, 6·25전쟁을 치르고 나서 진도군에서는 소
방대농악이 크게 활약한다. 소방대농악이란 의용소
방대 건설 자금을 확보하기 위해 각 마을의 뛰어난
굿쟁이들을 모아 걸궁패를 조직한 다음, 각 마을을
순회하면서 활동한 걸립농악이다. 이때 고군면에서
도 소방대농악이 일어났으며, 이이순(쇠), 조규화(쇠),
박흥준(장구) 등이 활약한다. 이들은 오산리, 지망
리 분들로서 정초에 고군면 일원의 마을에서 치던
당굿이나 매굿(마당밟기)을 바탕으로 판을 짠 다음,

진도 회동 영등축제에서 구경꾼들을 위해 놀이판(뒷풀이)을 벌인 모습이다.

북놀이 모습. 북수들이 판 안에 들어와 단체로 북놀이를 하고 있다. 진도지방의 특징있는 양북을 이 고군걸굿에서도 사용한다.

고군면 일원을 순회하면서 걸굿(걸궁굿)을 쳤던 것이다.

현재의 고군 걸굿은 이 전통을 잇고 있다. 소방대 농악에서 활약한 굿꾼들과 함께 굿을 쳤거나 배운 현재의 세 마을 사람들이 1997년에 '고군농악보존회'라는 단체를 결성하여 활동을 개시한다. 농협에서 대출을 받아 굿물과 옷을 마련하여 진도군 내의 크고 작은 행사에 적극 참여하고 있다. 세 마을 사람들이 모였음에도 불구하고 큰 문제 없이 단체가 유지되고 있을 뿐만 아니라, 인근학교에 나가 강습한 강습비나 초상집에서 상여소리를 해주고 번 개인적인 수입을 보존회에 기증하여 빚을 갚고(단체를 만들면서 생긴 빚) 저축을 하는 단계에 들어서는 등 건강하면서도 단합된 모습을 보여주고 있다.

치배 구성은 영기2, 쇠3~5, 징2, 장구2, 북2~3,
소고10~20 로 이뤄지며, 조리중·포수·각시·통
정대부·영감·창부 등의 잡색이 따른다. 과거에는
치복의 경우 고깔에 삼색띠를 둘렀다. 특히, 상쇠 이
하 쇠꾼들도 전립을 쓰지 않고 고깔을 썼으며, 잡색
들은 바가지로 만든 탈을 썼다. 현재는 대회용 복색
으로 다 바뀌었으며, 바가지 대신에 두꺼운 종이로
만든 탈을 사용하고 있다.

그러나 굿만은 전형적인 농촌 두레풍물의 내용과
정서를 간직하고 있다. 특별한 가락이나 기예를 갖
고 있지는 않지만 투박하면서도 흥과 힘이 넘치는
굿을 친다.

이리 농악

드넓은 호남평야의 농업을 기반으로 하여 형성된 농악의 일종이다.

정읍, 김제, 이리 등의 평야지대 풍물굿을 우도굿이라 칭하기도 한다. 이 지역에서 생성된 우도굿(특히, 두레굿)은 풍부한 농업경제력을 갖춘 이지역 대지주들의 적극적인 지원에 힘입어 일찍이 연희성이 극대화된 연희풍물로 발전한 바 있다. 연희성을 극대화시킨 주역들은 이 지역의 전문농악기술자들로서 이들의 주 활동무대는 정초의 각 마을당산굿, 농

낸드래미(입장굿)
마당 안에 세워진 용기와 영기를 향해 '징 -- 딱'가락을 치며 달팽이진으로 감아 들어간다. 가락이 점점 빨라지면 진이 말려가면서 감겨든다.

사철이면 각 마을두레에서 벌어진 풍장굿이나 진두레굿, 그리고 여기 저기서 수시로 일어난 크고 작은 걸궁굿이었다. 거의 일 년 내내 이들 굿판에 팔려다니며 풍물을 치다보니 기예가 발전할 수밖에 없었고, 축적된 기예를 바탕으로 한 연희성의 극대화는 시대의 변천과 더불어 주된 흐름으로 정착하였다.

쇠꾼이 노는 모습

이리 농악은 걸궁굿을 기반으로 하여 연희성을 극대화시켜 판굿 중심으로 정리한 농악이다. 그 구성을 보면 문굿, 당산굿, 샘굿, 들당산굿, 마당밟기 등이 있다. 마당밟기의 판굿 구성은 인사굿, 오채질굿, 자질굿, 풍류굿, 양산도, 매도지, 삼방진굿, 방울진굿, 호호굿, 달아치기, 매도지, 짝드름, 일광놀이, 구정놀이(개인놀이), 기쓸기로 짜여 있다. 장단으로는 일채, 이채, 삼채(늦은삼채와 된삼채), 외마치질굿, 풍류굿, 오채질굿, 좌

채상소고놀이. 본시 이리 지역에는 고깔소고였으나 이리 농악단이 결성되면서 채상소고를 첨가시켰다.

질굿, 양산도가락, 호호굿, 오방진가락 등이 보인다. 특히, 오채질굿은 혼합박자 구성으로 짜여져 있어 매우 어려우며, 우도굿에서만 발견되기도 한다.

흔적만 남아있는 문굿의 구성, 형식적으로 넘어가

는 당산굿의 구성, 개인놀이(구정놀이) 중심의 공
연방식 등은 풍물굿이 갖고 있는 제의성과 군법이
많이 흐트러졌음을 확인하게 만들며, 좌도농악에
있는 채상모놀이(열두 발 상모)가 이리 농악에 편

설장군놀이

성되어 있다는 것은 이리 농악이 연희농악으로 근세
에 재구성하였음이 여실히 드러난다.

치배편성을 보면, 용기, 농기, 영기가 있으며, 신호
용의 나발, 선율악기인 호적, 그리고 쇠, 징, 북, 장고,
법고, 잡색(대포수, 양반, 조리중, 창부, 각시, 무동)
이 있다. 쇠꾼들은 부포상모가 달린 전립에다 색동
반소매창옷 차림인데 반해, 징, 장고, 북은 색고깔에
삼색띠 차림이다. 가락은 전반적으로 느리며, 가락
하나하나를 치밀하게 변주하여 다양하게 가락을 구

사하되 조이고 풀고를 강하면서도 절도있게 하여 개
인의 멋을 최대한 발현시킨다는 특성을 보인다.

특히, 큰 용기를 마당에 누인 후 기수를 중심으로
원을 그려 돌리는 기쓸기, 부포상모를 쓰고 부포의
특성을 최대한 살려 갖은 멋을 부려 부포놀음을 하
는 쇠꾼들, 뛰어난 가락의 변주가 돋보이는 설장구
놀음이 이리 농악의 큰 특징이다. 부포치장과 놀음,
화려한 가락의 설장구놀이는 이제 전국적으로 확산
되어 정착된 우도굿의 성과물이기도 하다.

1985년 중요무형문화재 제11-다호로 지정을
받았으며, 김형순이 기능보유자로 있다.

양산도
양산도가락은 세마치장단
을 4장단 묶어 만든 장단
으로서 발림을 곁들여 춤
을 추며 논다.

여성 농악

여성농악은 1960년대와 70년대에 선풍적인 인기를 누렸던 유랑연희농악으로서 여성만으로 패를 조직하여 흥행을 하고 다닌 농악이었다. 처음 여성농악이 발생한 곳은 남원으로서 당시 남원국악원장이었던 이한량(전형적인 한량으로 소리북의 대가로 알려져 있음)이라는 분이 아이디어를 내고 처음 결성한 것으로 알려져 있다.

남사당패로 대표되는 유랑연희풍물굿의 전통은 판소리, 신파연극, 서커스, 농악 등으로 레퍼토리를 짠

고동진을 쌍으면서 옛 여성농악단 출신들이 모여 굿을 치고 있다.

포장걸립에 의해 전성기를 누린다. 포장걸립의 쇠퇴에 일조를 한 국극은 창극중심의 흥행물이었다. 특히, 여성들만으로 이뤄지는 여성국극은 선풍적인 인기를 누린 것으로 알려져 있다. 이에 착안한 이한량은 젊은 여성들만으로 농악단을 조직할 생각을 하고 1960년대 중반에 남원국악원소속으로 '남원여성농악단'을 결성한다. 이때 상쇠는 장홍도, 부쇠는 장성남과 나금추, 징은 김금순, 장고는 김영자, 오갑순, 안숙선 등, 소고는 오을순, 정정순, 강정숙 등이다.

장구수의 힘찬 움직임 여성농악단의 장구소리는 남성장구에 결코 뒤지지 않을 정도의 음량과 박력을 갖고 있다. 여성농악단이 활약할 당시의 판이 실내 무대공간이 아니고 난장 성격의 마당판이었기에 가능했을 것이다.

그간 남자 노인 중심이었던 흥행농악에 대중은 곧 이쁘고 젊은 아가씨들이 펼치는 화려한 기예에 매료된다. 이에 힘입어 남원 춘향농악단, 김제 백구여성

남도민요를 합창하고 있다. 여성농악단은 시작이나 중간 유식시간을 이용하여 민요도 불렀으며, 신파극도 제공하였다. 차림과 복색만 다르지 형식이나 구성 면에서는 전문 소리꾼들이 무대에서 하는 것과 똑같다.

농악단, 전주 아리랑농악단, 부안 여성농악단, 정읍 태인농악단 등 여기저기서 여성농악단이 결성되어 활발한 흥행사업을 한다.

　여성농악단은 농악만을 치지 않았다. 포장걸립처럼 심청전, 춘향전 등 신파연극이나 창극도 겸하였으며 남도민요, 창도 불렀다. 농악은 개인놀이 중심의 연희농악을 주로 하였다.

　여성농악단의 농악은 우도굿이 중심이었다. 특히, 장구는 정읍지역의 이름난 설장구수였던 김병섭이 남원에 와 남원여성농악단을 지도하였다. 쇳가락은 전사종이 와서 쇠를 가르쳤으나 주로 단원들이 서로 가르치고 배우면서 연습한 것으로 알려져 있다. 소리는 강도근과 김영후가 가르쳤다고 한다. 소고는

채상소고놀이

채상을 활용하여 소고놀이를 하고 있다. 여성농악단의 개인소고놀이는 채상을 쓴 채로 느린 장단의 춤으로 멋을 먼저 내고 채상놀음으로 들어가는 구성으로 짜여 있다. 채상돌림은 여자의 움직임이란 선입견이 무색할 정도로 힘과 박력이 있다.

채상소고 중심이었다. 기획·연출가는 없었으며 상쇠가 굿머리를 짜서 놀음을 벌였다.

비록 여성들이 치는 굿이었지만, 마당판을 주무대로 하였기 때문에 소리나 기운에 있어서는 남성들에 결코 뒤지지 않았으며, 이들 출신 중의 일부는 현재 판소리나 농악판에서 인간문화재 등 중견예능인으로 활발하게 활동하고 있다. 대다수의 여성농악단 출신들은 결혼과 함께 농악판을 떠났으나, 1995년 서울두레극장 개관 기념으로 이들이 다시 모여 실내 극장공연으로 재현한 바가 있다.

민속촌 농악

용인에 있는 한국민속촌 소속의 농악단이 1974년부터 공연하고 있는 연희농악이다. 이 농악단은 전적으로 민속촌을 관람하러 온 관광객들에게 볼거리를 제공하기 위해 창단되었다. 이 농악단원들은 농악단이 있는 전국의 유명 농업고등학교(특히 김천농고, 금산농고, 고흥농고, 광주농고 등) 출신들로서 주로 20대들로 구성되어 있다. 이들은 고등학교를 졸업하자마자 이 민속촌농악단에 입단하여 일정

소고놀이(퍼넘기기)
채상소고는 채상을 적극 활용하여 기예를 보인다. 채상 돌리기, 채상 끝을 이마 앞으로 찍었다가 뒤로 펴 넘기기 등 그 기술이 다양하면서도 화려하다.

소고놀이(연풍대돌기)
리본처럼 긴 상모지를 활용하여 상모를 돌리는 기예다. 상모를 돌리는 방식은 한쪽으로만 계속 돌리기(외사)와 방향을 바꿔 양쪽으로 번갈아 돌리기(양사)가 있다. 양쪽으로 번갈아 방향을 바꿀 경우에는 다시 한 번씩만 돌린 우 방향바꾸기와 두 번씩 돌리고 방향바꾸기(사사)가 있다. 사진의 내용은 상모를 돌리면서 연풍대를 돌고 있는 모습이다. 연풍대란 몸을 외전하면서 원진을 그리며 돌아가는 기예를 말한다.

정도 근무를 하다가 나이가 차면 퇴직을 하여 이 농악단을 떠난다. 젊은 농악인들이 펼쳐보이는 장기자랑은 나름대로 조직적이고 힘이 있어 싱싱한 맛은 있으나, 가락과 몸놀림이 점점 획일화되는 경향을 보이는 등 우리 굿의 깊은 맛을 느끼게 만들기에는 역부족이다.

고창·부안·영광·정읍 등지의 굿을 바탕으로 하되, 화려하고 연희성이 강한 판굿만을 택해 레퍼토리로 삼는다. 오채질굿, 좌질굿, 풍년굿, 양산도, 오방진, 호호굿, 가새치기, 미지기, 소고놀이, 장구놀이, 채상놀이 등이다. 특히 곡예에 가까운 자반뒤집기를 주로 하는 채상놀이와 고깔소고놀이를 함께 섞어놓았다. 이는 지역성에 얽매이지 않고 보여주기에 적합

부포상모

물채와 새털이 직접 연결되어 뻣뻣하게 붙은 상모로서 이마 높이 세워 놀음놀이를 한다. 그 모양새가 화려하고 멋이 있어 이미 부포상모를 선호하는 경향이 정착하고 있다. 털은 두루미나 고니털을 최고로 친다. 현재는 이들 새가 천연기념물로 지정돼 털을 구할 수 없기 때문에 질면조털을 대용으로 많이 사용하고 있다.

자반뒤집기(허공잽이)

채상소고에만 있는 곡예적인 소고놀이다. 발을 땅에 붙이고 도는 반자반뒤지기기와 발을 완전히 땅에서 떼고 도는 자반뒤집기가 있다. 고깔소고에서는 이 자반뒤집기를 하지 않으며 대신 춤과 발림(몸짓)으로 멋을 낸다. 채상소고는 곡예적인 성격이 강해 풍물을 처음 접하는 사람들에게도 쉽게 흥미를 유발시키는 장점이 있고, 고깔소고는 우리 장단의 맛과 멋을 아는 사람에게 흥미를 끈다.

하면 적극 수용하는 연희풍물의 성격이 그대로 드러나는 모습이며, 장구 개인놀이, 쇠 개인놀음 등 개인놀이를 공연의 하이라이트에 배치하고 있다는 특성도 보인다.

쇠꾼은 검은 수건을 쓴 다음에 흰 꽃을 이마에 붙이고 화려한 부포상모를 쓴다. 그리고 흰색 바지저고리 위에 전복 형태의 덧거리를 걸친 다음 삼색띠를 두른다. 징수·북수·소고는 담배고깔소고를 머리에 쓰며, 채상소고꾼들은 손잡이가 달린 소고에

한 발 정도의 물채가 달린 채상소고를 쓴다. 특기할 만한 사항은 삼색띠를 쓰되 허리와 한쪽 어깨(우측 어깨)에만 띠를 두른다는 점이다. 이는 삼색띠가 갖고 있는 의미보다는 보여주기에 좋은 형태를 취하고 있음이 드러난다. 모두 공연을 목적으로 함에 따라 나타나는 변화양상의 한 예이다.

농악단이 만들어질 때부터 지금까지 농악단을 이끌고 있는 정인삼은 쇠꾼으로서 이 농악단의 판제구성과 연출을 도맡아 왔다. 고등학교를 막 졸업하고 민속촌농악단에 들어온 어린 농악 기능인들을 정인삼 단장과 민속촌농악이 나름대로 지도하고 키워낸 역할은 주목할 만하다. 현재 사물놀이로 활동하고 있는 기능인들 중에서 몇몇 남사당패 출신을 제외하고는 대부분이 민속촌농악단 출신이기 때문이다.

장구

전라도 지방의 굿은 장구놀음이 발달해 있다. 장구의 음량이 워낙 커 상대적으로 북의 활용도
가 떨어져 아예 북을 편성에서 빼버리는 경우도 있다. 전라도 판제를 기본으로 한 민속춤농악
에서는 장구놀음 또한 화려하다.

(5) 마을 굿

제주도 영등굿

영등신을 대상으로 하는 당굿이다. 보통 '영등할머니', '영등할망' 등으로 불리는 영등신은 비바람을 일으키는 여신으로 알려져 있다. 영등신앙이 분포하는 중부 이남 지역의 육지에서는 영등할머니를 농사의 신으로 여기는 경향이 강하며, 제주도에서는 섬 주변 바다의 소라·전복·미역 등 해녀채취물을 증식시켜 주며, 어로 일반을 보호해 주는 신으로 여겨 섬긴다.

이 영등신은 2월 초하루에 내려와 지역에 다소 차

군복차림을 한 심방(무당)이 쯔감제 때와 마찬가지로 노래와 춤으로 본향당신을 청하여 신을 즐겁게 놀린다.

수심방(어른 심방)이 해녀
들의 액을 일일이 신칼로
쳐내주고 있다

이가 있지만 대개 초3일이나 보름, 그리고 20일에
올라간다. 이때 영등신이 두 딸을 데려오면 일기도
온화하고 걱정되는 일이 없지만, 며느리를 데려오면
일기도 불순하고 일대 풍파가 일어난다고 믿는다.

제주도에서는 영등할망이 2월 1일에 입도(入島)
하여 15일에 나가는 내방신으로 보고 있다. 어촌계
나 잠수계가 주관이 되어 경비도 마련하고 제관도
어부나 해녀로 뽑아 자기 마을의 어부와 해녀를 위
해 당굿을 한다. 제의나 재차는 신과세제(마을 주민
전체를 위한 당굿)와 비슷하나, 미역 · 전복 · 소라
등의 씨를 뿌린다고 하여 좁씨를 바다에 뿌린다든
지, 해녀 채취물의 흉풍을 판단하기 위해 좁쌀을 돗
자리 위에 뿌려 점을 친다든지, 바다의 용왕 및 익사
혼들에게 제물을 백지에 싸 던져주면서 고사를 지내

용왕신과 영등신을 굿당으로 맞아들여 해상의 안전과 풍어를 기원한다. 이때에는 굿판 중앙에 1m 정도의 푸른 대가지 8개씩을 2열로 나란히 꽂아 놓는다. 이것은 신이 오는 길이라 하여 말끔이 치우고 닦아(질짐) 신을 맞이한다.

씨드림에 사용할 좁씨 담은 좁씨자루를 해녀들이 어깨에 메고 바닷가에 내려와 씨드림을 하고 있다. 무악기 소리가 요란한 가운데 무릎까지 물 속에 들어서 걸어가며 "고동, 셍복, 우무, 천초, 메역씨 하영 쓩. 우리 북쫀 백성 잘 살게 허여쭙서" 라 크게 외치며 울렁이는 바다에 좁씨를 부리게 된다.

배방선과 쫍씨자루.
배방선은 약 50cm 정도 길이로 만든 자그마한 배로서 그 안에 갖가지 제물을 싣는다. 굿이 다 끝나면 영등신을 이 배방선에 태워 숭신할 때 사용한다. 쫍씨자루는 씨드림할 때 쓸 쫍씨를 담아놓는 자루다. 해녀들이 배방선에 돈을 넣고 있다.

는 절차가 더 붙는 점이 다르다. 전도적인 분포라 할 수 있으나 특히, 해녀가 많은 해안 마을에서 왕성하게 지내지고 있다.

여기에 소개하는 영등굿은 조천읍 북촌리의 영등굿이다. 북촌리는 마을이 형성된 지 370여 년 되었으며, 현재 250여 가구에 1,200여 명의 인구가 살고 있다. 어선이 40여 척, 해녀가 300여 명 되어 바다에서의 수입이 마을 경제를 크게 좌우하고 있다.

굿은 음력 2월13일에 거행되며, 아침 7시경부

터 시작하면 저녁 7시경까지 계속된다. 주관을 마을 잠수회에서 하며, 잠수회 기금을 기본으로 하여 어촌계의 보조와 각 기관이나 기업체로부터의 기타 협조를 받아 경비를 충당한다. 현재 잠수회 회원은 150여 명으로 아내가 해녀인 경우 남자 어부들도 적극 참여하고 있다. 5일 전부터 장을 봐다 제물을 마련하여 성대하게 지낸다.

배방선을 끝내고 해녀들을 실은 어선이 마을로 돌아오고 있다. 배방선은 어선에 싣고 바다 멀리 나가서 풍양을 보아 띄워보낸다. 배가 마을 쪽으로 돌아오면 좋지 않다고 믿기 때문이다.

　북촌리에는 정월의 신과세제, 2월의 영등굿, 7월의 백중제, 12월의 계탁이 거행되는데 영등굿이 가

배방선을 끝내고 뭍에 도착한 해녀들이 배에서 내려 풍물을 울리며 마을로 들어오고 있다.

장 성대하게 치러진다. 아침에 초감제로 시작된 굿은 시왕제·질침 등의 여러 굿거리를 하고 난 다음에 마무리 단계에서 해산물의 씨를 파종하고 점을 치는 의식인 '씨드림'을 한다. 씨드림이 끝나면 영등할망을 배에 태워 보내는 '배방선'이란 송신의식으로 마무리를 짓는다. 약50cm 정도의 길이로 짚배를 만들고 갖가지 제물을 실어 배방선을 거행한다.

제주 칠머리당굿

칠머리당굿은 제주시 건입동의 본향당굿을 말한다. 본향당이란 마을 전체를 차지하여 수호하는 당신을 모신 곳이다. 건입동의 본향당을 칠머리당이라 일컫게 된 것은 그 지명에서 유래했다. 이 당은 건입동(본래 제주성 밖의 조그만 어촌)의 동쪽인 제주항과 사리봉 중간의 바닷가 언덕 위에 위치해 있고, 그 지명이 속칭 '칠머리'이므로 '칠머리당'이라 부르게 된 것이다.

칠머리당의 신은 '도원수감찰지방관'과 '용왕해신부인'이다. 이 두 신은 부부신으로 남편은 마을 전체의 토지, 주민의 생사, 호적 등

설쇠를 치는 모습. 설쇠는 불룩 나온 놋쇠그릇으로 채나 방석 위에 얹어 놓고 양손으로 쳐 무악반주로 쓴다.

용왕맞이. 용왕과 영등신
이 오는 길을 치워 닦아
맞아들이는 굿거리.

생활전반을 차지해 수호하고, 부인은 어부와 해녀의
생업, 외국에 나간 주민들을 수호해준다고 믿는다.
이 칠머리당에서는 1년에 두 번 굿을 하는데 영등환
영제(2월 초하루)와 영등송별제(2월 14일)다. 결
국 영등신을 대상으로 한 굿(영등굿)임을 알 수 있
다.

  영등신이란 어부나 해녀의 해상 안전과 생업의 풍
요를 주는 신으로서 음력 2월 초하루에 제주를 찾아

세다림 굿상차림

와 해녀의 채취물인 미역, 소라, 전복 등의 씨를 뿌려
풍요를 주고, 2월 15일에 본국인 강남천자국 또는
외눈백이섬으로 돌아간다고 한다.

당굿은 초감제, 본향듦, 요왕맞이, 마을 도액막음,
씨드림, 배방선, 도진의 순서로 진행된다.

'초감제'란 소위 1만8천 신이라는 모든 신
을 일제히 청하여 축원하는 굿거리이다. '본향듦'
이란 본향당신을 청하여 기원하고 즐겁게 놀리는 굿

배빙선

거리이다. '요왕맞이'란 용왕신과 영등신을 굿
판으로 맞아들여 해상의 안전과 어업의 풍요를 기원
하는 굿거리이다. '마을 도액막음'은 1년 동안
마을 전체의 모든 액을 막음으로써 행운을 얻게 하
는 굿거리이다. '씨드림'은 해녀 채취물의 씨를
바다에 뿌려 번식을 기원하는 굿거리다. '배방선'
은 영등신을 배에 태워 본국으로 치송하는 굿거리이
며, '도진'이란 청했던 모든 신을 돌려보내는
굿거리이다.

　영등굿(칠머리당굿)은 해녀들의 굿이라는 점이 높
이 평가돼 1980년 중요무형문화재로 지정되었다.

남해안 별신굿

남해안 별신굿은 충무와 거제도의 죽림포, 수산, 양파, 구조라 등의 마을과 통영군의 한산도, 사량도, 갈도, 치리 등 경상남도 남해안 일대의 어촌에서 전승되어온 풍어제 형태의 마을굿이다. 현지에서는 이 굿을 배선굿, 배신굿, 벨손, 위신제(혹은 위만제)라고도 하며, 굿한다는 말을 '어정간다' 또는 '신별진다' 라고도 한다.

각 마을마다 2년 혹은 1년 간격으로 지내며, 사

용왕굿(질이 별신굿)

공사주기. 명태와 대금으로 동네 사람들의 액을 물리쳐 주고 각자에게 공수도 준다. 작은 가망굿이나 제석굿에서 함.(통영 별신굿)

제무는 세습무들이지만 동해안 지역처럼 집단을 이루지 않고 대모(主巫) 한 사람에 소모(助巫) 1~2명 정도와 5~6명의 양중(악사)으로 구성되어 별신굿을 한다.

굿을 주관하는 사람을 '굿장모'라 하는데 제관에 해당하며, 도가집(3명)과 함께 동네 회의에서 선정한다. 제의의 대상은 산신을 비롯하여 마을수호신인 골맥이신, 바다의 용왕신, 장승, 가망, 제석, 군웅 등의 신령과 원령 및 잡귀잡신들이다. 굿을 통해 풍어를 기원하고, 마을의 안녕, 수로의 안전, 주민의 무병장수를 기원한다. 그와 아울러 살아 있는 마을 사람들의 질편한 잔치마당으로서의 기능과 역할을 다한다.

남해안 별신굿은 무가의 음악성이 뛰어나고 반주

큰머리를 올린 승방. 남해안 별신굿에만 보이는 독특한 머리로 큰머리를 머리에 고정시키는 비녀는 놋수저를 사용한다.

대잡이굿 굿을 잘 받고 있는지 알아보기 위해 굿장모(마을을 대표하여 굿을 주관하는 동네사람)가 대를 잡아 보는 거리. 대가 격렬하게 떠는 모습으로 굿을 잘 받고 있다는 신오임(죽도 별신굿).

탈굿 큰굿(손굿)에 들어가기 전에 여흥으로 한다. 구경꾼이 적을 경우에는 하지 않으며 중광대, 할미광대, 양반광대, 소무가 등장하여 파계승에 대한 풍자와 처첩간의 갈등을 그린다. 소무는 탈을 쓰지 않으며 사진의 모습은 할미 광대다(죽도 별신굿).

악기에 북이 첨가되는 점이 특징이다. 굿의 시작과 끝의 청신악과 송신악은 대금으로만 연주되는 특징도 보인다. 동해안 별신굿처럼 굿 중간에 사설이나 재담이 없지만 굿이 진지하고, 굿 한 거리가 끝날 때마다 고수와 주민들이 어울려 놀이마당을 이루는 것도 재미있다. 또한 굿의 중간에 탈놀음과 인형극도

송신굿 마지막 거리로 배에 액을 싣고 나가 바다에 쳐내버린다(게먹인다는 표현을 쓰기도 한다(죽도 별신굿).

시석굿. 승방들이 액을 쓸어다 바다에 쳐내버리는 모습. 액맥이 소리를 부르며 춤을 춘다(통영 별신굿).

첨가되어 있다. 탈놀이로는 해미광대탈놀이, 판놀음, 중광대놀이가 있으며, 인형극으로는 비비각시, 적덕이놀이가 연희된다. 이들 놀이는 밤이 깊어 피로로 인해 사그라드는 굿판의 분위기를 일신시켜 흥을 돋우는 역할을 하며, 장소와 시간에 따라 생략되기도 한다.

남해안 별신굿의 순서와 내용은 들맞이, 당산굿 (당맞이굿), 일월맞이굿, 용왕굿, 부정굿, 가망굿, 제석굿, 서낭굿, 댓굿(대잡이굿), 손굿(손풀이, 동살풀이가 포함), 염불굿, 군웅굿, 거리굿(시석굿이라고도 함)으로 진행된다.

1987년에 중요무형문화재로 지정되었으며, 예능보유자인 정영만이 전승을 위해 애쓰고 있다.

정영만의 연주 모습.

동해안 별신굿

동해안 풍어제로서 동해한 일대에서 행해지는 일종의 마을굿. 즉, 주로 경상남북도와 강원도에 걸친 부산시, 울주군, 월성군, 영일군, 울진군, 삼척군, 명주군, 강릉시, 양양군, 고성군 등지에서 매년, 혹은 3년, 4년, 5년, 7년, 10년마다 한 번씩 행해지고 있으며, 마을의 평안과 자손의 번창 그리고 풍어를 기원한다.

동해안 지역은 마을에서 마을로 별신굿이 이어지는 경우가 많기 때문에 20여 명에 가까운 세습무들

문굿. 지모(무녀)와 잽이들이 굿을 하기 위해서 구계리 마을로 들어올 때 마을사람들이 풍악을 앞세워 동해안 별신굿 팀을 맞이하고 있다.

우포굿당의 지화와 용떡

동해안 별신굿 지모의 기본의
상은 머리를 올려서 핀으로 고
정한 우에 빨간색 리본핀을 장
식하고 의색천으로 꽃모양을
만들어 머리띠와 함께 맨다.
한 손에는 부채, 한 손에는 손
수건을 들고 주로 원색 한복
에 검정과 빨강색의 겹쾌자를
입는다. 가슴띠는 녹색천이다.

밤늦게까지 굿이 이어지고 있다. 주민들이 끝까지 자리를 뜨지 않고 함께 한다. 특히 심청굿 대목에 이르면 함께 눈물을 올리며 굿에 몰입하게 된다 (우포 별신굿).

우포의 당알아버지께 주민들이 지성을 올리고 있다.

이 함께 굿을 하게 되며, 금줄이 그들을 지휘한다. 금줄은 세습무 일행의 대표자 격으로서 마을과의 굿 계약도 금줄이 하고, 소득에 대한 분배도 금줄이 한다.

굿의 절차와 내용은 비슷하나 마을마다 일정이나 진행에 있어 마을 전통에 의해 조금씩 차이가 난다. 모시는 신도 그 마을의 당신을 중심으로 여러 존신을 같이 모시며, 부정굿, 골매기청좌굿, 당맞이굿, 화해굿, 각댁성주굿, 세존굿, 천왕굿, 심청굿, 손님굿, 황제굿, 용왕굿, 꽃노래굿, 대거리굿 등이 기본을 이루되, 마을의 특성에 따라 가감이 이뤄진다. 특히, 탈놀음, 원놀이, 호탈굿, 거리굿 등 연극성이 높은 굿거리들이 연희되며, 탈놀이와의 짙은 연관성을 보여주고 있다.

무악기를 살펴보면, 선율악기는 쓰이지 않고 장구 · 징 · 제팔 ·

대내림(우포 별신굿)

팽과리 등 타악기 중심이며, 장구 반주에 맞춰 무가를 부르면 바로 징·팽과리·장구가 반주를 하는 구조다. 가장 많이 쓰이는 장단은 청보와 제마수이며, 쪼시개·드렁갱이·삼공잽이·도장·고삼·자삼·도깨비·동살풀이·수부채 등이 쓰이는

김석출의 호적

데, 한 장단이 초장·2장·3장 등 여러 장으로 구분되는 것이 특색이다. 동해안 별신굿에서는 춤사위 명칭을 '무관'이라 부르며, 달넘기춤·뫼산자춤·등춤 등 다양하다. 굿 중간에 외설적인 재담과 민요조의 노래뿐만 아니라 대중가요까지 불리어지는 등 현대적인 전승양태를 보여주기도 한다.

　1985년에 김석출, 김유선 일행 중심으로 중요무형문화재 지정이 이뤄졌으며, 경상북도(1980년 지정, 보유자 송동숙)와 강원도에서도 지방문화재로 지정되어 전승이 이뤄지고 있다.

서해안 배연신굿 및 대동굿

서해안의 전북 고창군과 전남 영광군 일대의 지역과 황해도 옹진군 일대의 지역에서 배와 선원의 안전, 그리고 풍어를 기원하는 무당에 의한 뱃굿이다.

배연신굿 및 대동굿은 어민들이 해상의 안전과 풍어를 기원하는 어로 신앙의 한 형태이나 이는 신앙으로 뿐만 아니라 어촌에서 경제력을 지닌 선주와 선주 사이, 그리고 선주와 일반 어민 사이를 대동 결속시키는 구심적 역할을 하고 있다. 대동굿이 당산 굿청의 당굿에서부터 마을 가가호호의 세경굿 그리고 바닷가의 강변용신굿 등으로 산에서 마을, 마을

제물을 진설하고 나면 부정굿을 한다. 김매물 만신이 부정굿을 하면서 소지를 올리고 있다.

김금화 만신의 굿모습(인천 앞바다)

영산 알아방 할망 놀이

에서 바다로 이어져 마을 전체를 굿 공간으로 삼는
마을의 대풍어제인가 하면, 배연신굿은 당굿에서 바
다 위의 뱃굿으로 이어지는 선주들의 풍어제이다.

서해안의 배연신굿 및 대동굿 사제무는 동해안이
나 남해안 지역의 사제무와 달리 신이 내린 강신무
이고, 대부분의 사제과정에서 순간순간 접신현상과
몰아 경지에 이르러 굿의 신비한 분위기를 지니는
것이 특징인데, 그러면서도 여기에 나오는 사냥굿이

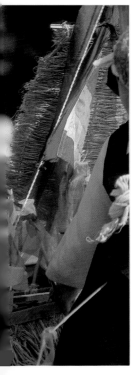

영산 할아방이 배의 구석 구석을 다니며 풍어와 안 녕을 빌고 있다.

나 영산할아방·할망거리는 무굿에 들어 있는 여타 굿거리에서도 볼 수 없을 정도로 뛰어난 연극성을 지니고 있어 대동굿의 묘미를 한층 더해주고 있다.

　무엇보다도 서해안 배연신굿 및 대동굿의 특성이 라 하면 조기와 임경업 장군과의 친연성이라 할 것 이다. 영광에서 연평 앞바다에 이르는 서해바다는 조기의 황금어장이다. 가장 값진 어종이기도 하다. 이 지역에서의 풍어에 대한 기원이란 풍성한 조기잡

이에 모아지고 있다. 또한 이 지역의 주수호신(主守護神)은 임경업 장군신이다. 서낭신이나 배서낭신보다 인물신인 임경업 장군을 모신 '장군신'이 더 중시된다. 이 지역의 각 섬과 배에서는 임경업 장군을 서낭신으로 모시기도 하고 배에 서낭기와 함께 임경업 장군기를 반드시 세우며, 배연신굿의 가장 중요한 존

부산을 띄워 모든 액을 떠나보낸다.

신으로 받들어 모신다. 고기잡이를 도와주고 무사항해를 지켜주는 어로신으로 상정되고 있는 것이다.

현재 중요무형문화재로 지정(1985년)된 서해안 배연신굿 및 대동굿은 황해도 해주, 옹진, 연평도지방에서 행해진 황해도굿으로 화려한 화분(무신도)과 기(서낭기·장군기·호기·물기·오색기), 꽃(봉죽·서리화), 화려한 무복, 축제성 짙은 굿거리 등 황해도굿의 특성을 잘 간직하고 있다.

위도 띠뱃놀이

전라북도 부안군 위도면 대리에서 정월 초사흗날 마을의 안택과 풍어를 빌고 마을의 재액을 바다에 띄워 보내는 풍어제이다. 해주, 옹진, 연평도지역과 황도, 위도, 동호리(고창) 지역 등의 서해안에 형성된 어로신앙의 한 형태에 속한다.

띠뱃놀이라고 부르게 된 것은 용왕제 후에 마지막으로 띠배를 바다에 띄워 보내는 데에 연유한 것이다. 또는 배를 '띄워 보낸다' 하여 띠뱃놀이라 부르기도 한다.

굿을 하기 전에 선주들이 배에다 만선기와 성왕기를 달아 마을의 분위기를 고조시키고 있다.(1997)

전날 저녁 당주집에서 성주굿을 한다(지금은 전수회관에서).

위도 띠뱃놀이는 전 해인 섣달 10일, 그러니까 20여 일 전부터 시작된다. 섣달 10일께 마을 총회를 열어 제의 규모, 비용(대개 선주와 마을 주민이 공동 부담), 제관선정을 결정한다. 제관이 결정되면 바로 금기에 들어간다. 줄포에서 구입한 제물이 마을에 도착하면 선주들은 뱃기를 집앞에 내걸고 술을 마시며 논다. 섣달 그믐날에는 무녀와 제만(총책임 제관)이 떡쌀을 담그고, 초하룻날 떡쌀을 찧는다. 초

이틀에 제숙으로 쓸 돼지를 잡고 풍물을 울려 온 동
네에 알린다. 초3일 새벽이 되면 원당굿으로 가 원
당굿을 시작으로 본격적인 띠뱃놀이가 시작된다.

제주와 당주는 전날 저녁
에 우물에서 목욕재계를
한다.

　위도 띠뱃놀이는 당젯봉의 원당굿(願堂祭)과 바
닷가의 용왕제로 나눠볼 수 있다. 원당은 12서낭을
모시고 있으며, 타지역의 어선들도 이 원당을 지날
때는 원당을 향해 제를 지내고 지날 정도로 영험함
으로 이름난 당이다. 이 원당에서 행해지는 원당굿

아침이 되면 제물을 지고 인 무녀와 제관이 당으로 향한다.

(당굿)은 배마다 지니고 있는 오색의 뱃기에 배에서 1년 동안 모시게 될 뱃신(船神)을 내림받고 풍어를 기원해주는 굿이다. 바닷가에서의 용왕굿은 마을의 액을 없애고 바다의 원혼을 달래주며, 풍어를 기원하는 제의이다. 이 용왕굿에는 부녀자들이 주도한다는 특성을 보인다. 이 두 제의를 공간적으로나 시간적으로 연결시켜주는 것이 '용왕밥 던지기'와 '주산돌기'이다. 주산돌기는 풍물굿놀이로 풍물을 치면서 마을의 요소요소에 계시는 신들을 위해주는 내용이다. 용왕굿 마지막으로 띠배를 바다에 띄워 보내는 것으로 마무리를 짓는다.

위도 띠뱃놀이는 무당굿과 풍물굿과 민요(가래질소리·술배소리·에용노래)가 복합된 굿놀이로서 온 마을사람들이 남녀노소, 빈부의 구별없이 수평적인

제주 일행이 당집으로 오르는 모습.

당집 안에서 안길녀 단골이 굿을 하고 있는 모습.

용왕굿

용왕굿. 띠배를 모선 뒤에 매달고 먼 바다로 나가 불을 붙여 띄워 보낸다. 마을의 모든 액을 실은 띠배를 띄워 보냄으로써 마을의 안녕과 풍어를 기원한다.

위치에서 술과 노래와 춤으로 한껏 즐기는 놀이마당을 이루고 있다.

1985년도에 중요무형문화재로 지정되어 오늘에 이르고 있다.

외포리 곳창굿

외포리 곳창굿은 경기도 인천광역시 강화읍 외포리에서 거행되는 대동마을굿으로서, 어업에 종사하는 정포마을과 농업에 종사하는 대정마을의 풍어와 풍농을 함께 기원하는 도당굿류에 속한다. 전체적으로는 서울·경기지역의 도당굿 형식을 취하면서 풍어를 위한 선주굿 한거리를 별도로 잡아 한다.

당은 상당 하당의 구조를 갖는다. 상산당을 상당으로 하고 산중턱에 청솔문을 세우고 그 아래쪽에 황토를 깐 곳을 아랫당으로 삼아 굿을 한다. 상산당

수살막이굿으로 수살목을 마을의 동쪽과 서쪽에 하나씩 세운다.

수살목은 나무 기러기를 다섯 마리 깎아 올린다.

돌돌이를 하는 중에 동네 공동의 우물터에서 우물 굿을 하고 있다.

의 주신은 득제장군(득태장군이라고도 함)이다. 득제장군에 대한 정확한 실체는 밝혀지지 않고 있으나 왜구의 침입이나 외적과의 항쟁에서 충절을 보인 고려 때의 장군으로 추정하는 견해가 많다. 옛날부터

이 외포리의 상산당에서 굿이 끝나야만 인근 마을에서 굿을 할 수 있을 정도로 중요한 당산이었다.

당집 중앙에 덕재 장군과 장군의 부인, 그 좌측에 대감신장, 우측에 도당산신을 모셔 놓는다.

본래 매년 거행하던 이 곳창굿은 현재 2~3년

기내림을 하기 전에 배지기 소리를 하면서 동네사람들이 다같이 웅겹게 놀고 있다.

군웅굿 중에 닭사슬을 세
우고 있다. 설대에 닭을
꿰서 떡시루전에 세우는
사슬이며, 사슬이 잘 세
워져야 대동이 편안하다.

걸이로 대개 음력 2월초에 거행하고 있다. 마을대표
와 당주가 협의하여 길일을 택하고 소임을 결정한
다. 상·중·하 소임별로 인원과 역할이 잘 짜여 있
고, 경비는 각 가정의 형편에 따라 추렴한다. 각 소임
과 무당들이 옛법에 따라 곳창굿의 제반과정을 진향
하여 사흘간 굿을 하며 논다.

　굿의 제반 절차를 보면, 대동 해변 양쪽에 수살목
(숫대)을 한 개씩 세우고 용왕을 맞이하는 수살굿으
로부터 시작된다. 이어 대동산 당산에 올라가 당할
머니신을 모시고 대동 부정을 풀어낸 다음에 득제장
군을 모셔들여 마을의 안녕과 풍년 풍어를 기원한
다. 제석굿을 이어서 한 다음에 선주굿을 한다. 상산
당 앞에서 각 배들의 장군기와 뱃기를 세워놓고 기
내림을 받아 안녕과 풍어 및 명과 복을 기원하면서

뒷전으로 여러 잡귀를 잘
풀어 퇴송하는 대목으로
풍년 풍어을 기원하는 축
제 한마당놀이다.

홍수매기(잡귀 잡신을 풀
어 먹이는 것)

선주들에게 공수도 내려주는 내용이다. 굿은 별상
대감굿을 거쳐 군웅굿으로 이어진다. 외포리 군웅굿
에서는 닭사슬을 세운다. 그리고 여러 잡귀를 잘 풀
어 퇴송하는 것으로 끝을 맺는다.

굿은 매일 오후 4시까지 하고 밤에는 마을 주민들
의 놀이판이 진행된다. 서울·경기 지역의 도당굿이
조선조를 거치면서 대부분 유교식으로 변질된 것에
비해 외포리 곳창굿은 전통적인 마을굿의 형태와 내
용을 비교적 잘 보존되고 있다. 그러면서도 걸립이
나 지신밟기가 생략되고 매년 거행하지 못하는 아쉬
움도 발견된다. 인천광역시의 지방문화재로 지정되
었다.

영변 성황대제

평안북도 영변지방에 전승되는 마을굿이다. 당굿, 서낭굿, 당산굿, 고창굿, 도당굿, 별신굿, 산제, 산신제 등 여러 이름으로 불리는 제사들은 모두 마을의 평안과 흥성을 비는 마을굿으로 어느 고을이나 있었다. 영변성황대제도 그와 같은 성격의 마을굿이다.

영변에서는 봄과 가을에 성황제를 올리는데, 1910년대 중반까지만 해도 3년에 한 번씩 '당굿'이라 불리는 대제를 올렸다고 한다. 영변에는 북당(윗당)과 남당(아랫당)이 있었다. 특히, 북당은 시장관

굿판 전경이다. 신위를 모시고 굿판에 도착하여 모시게 된다.

계자들이 계를 조직하여 대제를 남당보다 더 성대하게 거행하였다.

길일을 택하여 제를 올리게 되는데 대개 5일 정도 걸렸다고 한다. 제사비용은 상인들의 계가 주축이 되고 읍내 전체로부터 기부금을 받거나 시장 상인들로부터도 기부금을 받아 충당하였다. 제관은 마을 사람 가운데 덕망있는 유지로 대도감(大都監), 집사, 축관 등 수명을 뽑는다. 무녀는 5~6명, 장고·징·제금 등 악사 포함하여 10여 명이 참가한다. 먼저 제관 신주(神主) 등이 악사를 대동하고 북당으로 가 간단히 제사를 올리고, 신위를 가마에 태워 북문으로부터 남문으로 돌아 굿판에 도착하면, 임시로 가설된 제단에 안치시킨다. 이때 신주는 장군복으로 말을 타고 뒤따른다. 제관이 지내는 유교식 제

오수벗갓을 위엄 있게 쓰고 굿을 하고 있는 신주의 모습.

례가 끝나면 무녀들이 강신굿, 대감놀이, 거리굿 등 여러 굿거리를 한다. 보통 4~5일에 걸쳐 굿거리가 계속되었다.

밤낮으로 노래와 춤으로 벌어지는 굿판에서는 이 지역 주민들이 함께 즐기며 여러 가지 놀이를 벌이기도 했다. 끝에는 꽃둥지 올리기'를 하였는데, 꽃으로 만든 둥지에 무녀가 타고

서낭굿을 하고 있는 모습이다. 뒤에 무녀가 타고 승천한 꽃둥지가 보인다.

춤을 추면 서낭대 위에 밧줄을 매달고 둥지에 연결시켜 잡아당긴다. 그러면 둥지가 높이 올라가게 된다. 꽃둥지 올리기가 끝나면 신위를 다시 당에 모신다.

이 성황제가 개인에 의해 지내지는 경우도 있었다. 이것은 집안의 재앙을 제거하고 가복을 기원하기 위해 행해지지만, 그런 경우에는 무당을 신주로 굿을 하였다. 이 굿을 보기 위해 마을사람들이 몰려

꽃둥지 올리기. 서낭대에 매달려 있는 꽃둥지에 무녀가 타고 승천하고 있다. 승천하면 오색 천을 아래로 던져 복을 내려주고, 공수도 내려준다.(1997년 국립민속박물관 재연)

오기 때문에 성황당을 지키는 사람(대개는 무당)도 상당한 수입을 올릴 수 있어 이 성황당지기는 권리금을 매개로 매매되기도 하였다 한다.

황해도 평산 소놀음굿

황해도 평산지방의 소놀음굿이다. 소놀이굿은 우환굿에서는 하지 않고 경사굿(재수굿)에서만 한다. 농사·사업·장사 등이 잘 되거나 집·농토를 새로 마련했을 때 자손이 번창하도록 비는 뜻에서 경사굿을 할 경우, 기호와 해서지방의 제석거리에 붙여서 놀아지던 소놀이굿의 일종이다.

질성님이 정성을 잘 받으셨는가를 확인하는 모습.

소놀이굿은 먼저 초감응·초부정굿을 해서 조상청배를 하고, 제석굿(제석신은 인간의 출생과 집안의 자손창성, 수명장수와 복을 주관하는 것으로 믿음)을 할 때 소놀이을 하는 것이며, 성주굿을 할 때는 지

제석거리 바라춤

제석거리, 서냥기로 옥수
를 뿌리며 축원 덕담

경다지기를 하게 된다.

어두움이 지면 굿판을 집안 마루에서 마당으로 옮긴다. 선머리가 단군님을 맞이하고 제석님이 강림하여 인간을 탄생시키고 조선국을 개국한 이야기를 타령으로 부른다. 그것을 나졸들이 만수받이로 받는다. 이어 지상의 놀이가 시작된다. 농신·산신·수복신을 겸한 제석이 중심이 되어 마부를 상대로 타령과 재담을 엮어나간다.

소놀이로서 소와 마부

마부는 소를 끌고 다니며 밭갈이를 하고, 애미보살은 씨를 뿌리고, 지장보살은 김매기를 하며, 신농씨는 농사일을 감독하는 등 놀이를 펼친다. 거기다 또 소를 길들여 부리는 요령, 쟁기에 보습을 맞추는 법을 가르치는 대목 등이 따른다. 모든 일을 마치고서 제석은 소를 타고 나졸들은 춤추며 굿판을 돌아

서천서역국으로 가는 것으로써 소놀음굿은 끝난다.

주역이 무당에서 마부로 옮겨져 주로 마부의 타령으로 엮어지는 양주 소놀음굿에 비해, 평산 소놀음굿은 시종 무당들에 의해 진행된다는 차이점을 보인다. 또한 팔선녀가 등장하여 목욕을 하고, 목욕물을 담은 물동이에 바가지 8개를 담그는 모

성주굿. 방아찧기

습이 평산 소놀음굿에는 보인다.

현재 중요무형문화재로 지정된 평산 소놀음굿은 평산출신의 무녀 장보배가 일제 때 그녀의 신어머니 김씨에게게서 배워 그곳 굿판에서 놀았던 것이다. 해방 후 강화도로 월남하여 살다가 신딸 이선비를 얻었다. 1985년 장무녀가 이선비를 마부로 하여 인천에서 평산 소놀음굿을 재현함으로써 전승의 길이 열리게 되고, 1988년에 중요무형문화재로 지정된다.

돼지 사슬 세우기

장수거리(작두거리)의 장
군놀이

1. 굿놀이 - (5) 마을굿 *133*

작두그네

강릉 단오제

　강원도 강릉시에서 단오날을 전후하여 장장 50여 일간에 걸쳐 서낭신을 모시는 마을굿이다. 대관령마루에 계신 서낭님과 강릉시내에 있는 여서낭님을 일 년에 한 번씩 여서낭당에서 합사(合祀)하여 그 기쁨을 서로 나누는 구조로 되어 있으며, 이 지역에서는 본래 강릉단오제가 아니라 단오굿, 단오놀이, 단양놀이, 단양굿이란 이름으로 불리었다.

신목배기로 대잡이는 신목을 찾아 신목을 모시고 굿당까지 모셔가는 역할을 하는데, 아무나 하는 것이 아니라 전대잡이가 지정한 사람만이 할 수 있다.

　대관령국사서낭신인 범일국사설화(위기에 처한 나라를 위해 공을 세우고 전사했다는 이 지역 출신의 스님)와 대관령산신이 되었다는 김유신 설화가 전해지는 이 단오제는 천여 년 이상의 역사를 갖고 있는 것으로 보

그네타기

투오놀이

136 한국의 굿놀이 (하)

대관령 국사당 전경

국사당 의례가 끝나면
무녀가 사람들의 소원
풀이 소지를 올린다.

1. 굿놀이 -(5) 마을굿 *137*

대관령 국사당 굿이 끝나
면 신목을 앞세워서 구산
성황당까지 걸어서 간다.
지금은 차로 반쯤 갔다가
대관령 옛길로 걸어 내려
온다.(5-1)

고 있다.

단오제는 음력 3월 20일 신주(神酒)를 빚는 데
서 시작된다. 음력 4월 15일이 되면 강릉시내의 제
관들이 무녀와 함께 대관령에 가서 신목(神木)을 베
어 서낭신을 모시고 강릉으로 내려오는데 남녀서낭
신을 합사하기 위해서다. 서낭신을 모시고 올 때 '국

구산 성황당에서 굿을 하
기 전에 송명의 무녀가 부
정을 치고 있다.

구산 성황당 전경

1. 굿놀이 -(5) 마을굿 *139*

홍제동 여서낭당에서 제
관들이 제사를 올리고 있
다. 신목은 옆에 세워 둔
다.

사행차'를 외치며, 제민원서낭당·굴면서낭당을
지나 구산서낭당에 이르면 길을 밝히기 위해 자발적
으로 참여한 수백명의 횃불꾼들이 횃불을 밝히며 따
르며 산유가를 부른다. 이 행렬은 강릉시에 도착하
면 정씨집(여국사서낭신 친가)에서 제를 지내고 여
국사서낭당에다 함께 모신다. 두 분 서낭님은 단오 3
일전까지 여서낭당에서 함께 계시는데 새벽마다 호
장·수노·성황직·내무녀의 문안을 받고, 도갓집
에서 하루에 세 번 바치는 제물을 드시며, 동민들의
부탁을 받은 무당들의 기원을 받기도 한다.

음력 5월 1일부터 본격적으로 단오제가 열린다.
최근엔 남대천변의 단오장터로 옮겨 끝나는 날까지
매일 아침 유교식으로 조전의(朝奠儀)가 거행되고,
매일 가설굿당에서는 단오굿이 행해진다. 아울러 관

단오제 전야제 때 여국사 성황의 생가를 방문하여 굿을 한다 (현재 여국사 성황의 후손이 살고 있다).

남대천 굿당에서 5일 동안 굿을 한다. 현재 전국에서 행하여지는 굿 중에는 가장 큰 굿이다.

저승길의 길을 밝혀 주는 꽃등을 굿의 마지막 부분에서 무녀가 등춤을 춘다. 뒷전이 끝나면 지화나꽃 등 굿에 사용한 물건들을 모두 태운다.

노탈놀이(재담이 없다), 씨름, 그네타기, 줄다리기, 궁도, 윷놀이 등의 놀이가 난장에서 함께 벌어진다. 5월 7일이 되면 오전에 단오제에 썼던 신간·화개 등 모든 물품을 불사르고 국사서낭님을 다시 대관령으로 모셔들이는 소제를 끝으로 50여 일간의 단오제가 막을 내린다.

이 단오제의 현재 일정은 그때에 따라 규모와 날짜에 신축성 있게 진행되며, 관 주도에서 민간주도로 바뀌어 거행되는 성공적인 사례이기도 하다. 전국적인 향토축제로서 확고히 자리를 잡았으며, 단오제 기간에는 영동 일대의 사람들만 구경오는 것이 아니라 전국에서 모여들고 있다.

1967년 1월 16일에 중요무형문화재로 지정되었으며, 김진혜·권녕하가 보유자로 있다.

삼척 산메기

삼척지방에서 행해지는 산제의 일종. 대개 개인이
나 집안단위로 행해지는 제의로서 집안 단위로 성씨
끼리 모여서 산에 간다. 대부분 지정해 놓은 산이 있
으며, 무당이 지정해 준 곳이 장소가 되어 오래 전부
터 내려오는 경우가 많다. 산메기를 하는 날짜는 삼
월 삼짓날, 초파일이거나, 단오, 음력 10월이나 11
월 날을 받아, 음력 10월 집안의 안택제사를 지낸
다음 등 일정하지는 않지만 그 집안이나 가정에서
대대로 지켜온 날 새벽에 정해진 산메기터에 제물을

오방전 던지기. 오방전은
집안에 젊은 사람이 화를
당해 죽었을 경우 이를 위
로하기 위해 바치는 것.
(1999년 밀양 전국민속경
연대회 때 모습)

신이 잘 감응하셨는지를
소지로 확인한다.

가져가 일 년에 한 번씩 지낸다. 마을 단위로 가는 경우라 해도 씨족이나 개인 집안단위로 제를 올리는 것이 이 산메기의 특성이다. 따라서 산메기를 하는 목적은 "내 잘 되자고 한다"는 표현에서 알 수 있듯이 개인이나 집안의 기복을 위하여 행해진다. 예전에는 무당과 함께 올라가 산신굿을 크게 하기도 하였으나 현재는 입담 좋은 집안의 한 사람을 지정하여 축원을 맡기는 모습이 일반적이다.

산메기의 대상신은 대개 산신과 삼신이다. 동활리의 방수촌의 경우 삼척 김씨의 산메기터에 300~400백 년 된 소나무가 있는데 한 뿌리에 줄기 두 개가 올라온 모양으로 생겼다. 한 줄기는 산신이고 한 줄기

조상 옷입이기

는 삼신으로 받들어 모신다. 제의는 먼저 각자 가져
온 한지와 실을 소나무(산신과 삼신에 각각)에 묶
고, 가져온 제물을 진설한다. 메는 산신과 삼신에 집

쇠산맞이 소를 위한
놀이

삼베나 흰 무명천을 감아
조상에게 옷을 입히기 위
해 이동.

집마다 제각각 올린다. 절을 한 다음에 축원한다. 축
원은 각 가정별로 따로 해 주며 "생기를 주고, 금년
농사 잘 되고, 소도 잘 되게 해달라"는 내용이다.
집안에서 '산'을 모시는 경우는 그 산을 산메기
할 때 가져다 지내기도 한다.

삼척지방에서는 '산'이라고 하는 가택신을 집
안에 모시는데, 우마를 담당하는 신으로 알려져 있으
나 대부분 산신을 모신다. 신체를 보면 마굿간 옆이
나 앞의 벽에다 매못을 치고 한지를 접어서 꽂아 놓
고 모신다. 평소에 소가 병이 나거나 새끼를 낳으려
고 하면 산 앞에다 물을 떠놓고 빌었으며, 산메기 하
러 갈 때 가져가서 산메기터에다 모셔놓고 집안에는
새로 접어 매단다.

양주 소놀이굿

소굿 · 쇠굿 · 소놀음굿 · 마부타령 등으로도 불리
는 양주 소놀이굿은 그 정확한 기원은 알 수 없으나
1937년에 작고한 무부 팽수천에 의하여 이 놀이가
양주지방에 널리 퍼졌다고 한다. 이것은 다른 지방
에서 배워온 것인지, 또
는 양주 지방의 무당
굿에서 비롯된 것인지
분명하지는 않다.

소놀이굿은 경사굿
의 열세번째 거리인 제
석거리와 열네번째거리
인 호구거리의 사이에
행해진다. 제석거리가
끝나면 장고 앞의 목
두(木斗)에 콩을 수북
히 담고 북어 한 마리
를 거기에 꽂아 소고
삐를 맬 말뚝으로 삼

무녀가 제석거리에서 춤
을 주고 있다.

제석거리를 하고 있는 무
녀

마당으로 들어오는 소와
마부(윈마부와 곁마부)

는다. 악사와 장고를 맡은 조무가 마당을 향해 앉으면, 굿거리장단에 맞춰 흰고깔에 흰장삼을 차린 주무가 오른손에 제석부채를 들고 마루 끝에 선다. 그러면 이 놀이의 주인공인 원마부가 마루 앞 봉당에 선다. 앞마당에는 멍석을 뒤집어쓰고 고무래를 짚으로 싸서 머리를 만든 소(장정 5~6인이 가장)가 송아지(1인이 가장)를 데리고 선다. 이처럼 소놀이굿을 하게 되면 굿판이 마루에서 봉당과 앞마당으로, 주역이 무당에서 마부로 바뀐다. 이렇게 준비가 되면 (1) 소와 마부의 등장, (2) 소 마모색타령, (3) 소흥정, (4) 성주풀이 및 축원의 순서로 소놀이굿이 진행된다.

양주 소놀이굿은 서사적인 줄거리를 갖추고 있는 평산 소놀음굿과는 달리 서사적인 줄거리가 없다. 대신 연희성이 강한 소리대목의 연속이다. 무당과 마부와의 대화, 마부의 타령과 덕담 및 춤과 동작, 소의 동작 등이 조력하는 형태다. 즉, 마부가 부르는 타령이 소놀이굿의 전반에 걸쳐 중심을 이루고 있다. 각 타령은 각각 독립적으로 나열되며, 그 사이사이는 마부와 무당이 주고받는 사설(재담)로 채워지는 구조를 보인다.

마부의 타령은 <누가 나를 찾나>, <마부 노정기>, <보물타령>, <마부 대령인사>, <소의 머리 치레>,

소지레를 하고 있는 윈마부. 소지레는 노래를 부르려 한다.

소와 송아지, 고무래를 짚으로 싸서 머리를 만들고 멍석을 반으로 접은 속에 5~6인이 들어가 소를 가장한다.

〈소뿔치레〉, 〈소눈치레〉, 〈소입치레〉, 〈소이치레〉, 〈마부복색치레〉, 〈잡곡타령〉, 〈소 흥정타령〉, 〈말뚝타령〉, 〈소장수 마누라타령〉, 〈성주풀이〉, 〈축원과 덕담〉, 〈살풀이〉 등 20여 가지가 된다.

1980년에 중요무형문화재로 지정되어 전승되고 있다.

뒷풀이 모습

경기도 도당굿

　도당굿은 마을 사람들의 길복과 번영을 목적으로
하는 마을굿의 일종이다. 따라서 도당굿은 마을주민
모두의 참여로 결정, 준비, 진행된다. 굿이 결정되면
마을의 대표는 당골무당을 찾아가서 날짜를 확정짓
고, 굿의 규모, 소요인원 및 일정, 요구사항 등을 말
하고 그에 맞춰 대략적인 예산을 의논한다. 도당굿
비용은 마을 공동의 추렴으로 하고 모자라는 액수는
마을기금으로 충당하게 된다.

　생기복덕을 가려 뽑은 당주는 굿을 준비하고 진행

장말도당할아버지. 한 번
도당할아버지가 되면 죽을
때까지 하게 된다.

상

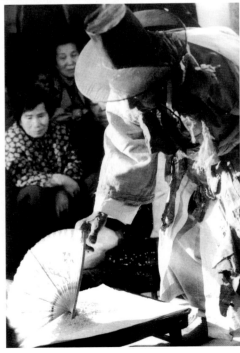

꽃반받기. 각 가정에서 내
온 꽃반(쌀을 쏟아놓은 소
반)에 도당할아버지가 부
채를 올려 세워지는지 여
부를 보아 그 집안의 일
년 신수를 점쳐보는 의식
이다.

을 책임지게 되는데 당주로 결정되면 당막을 짓고
사흘 전부터 거주하며 몸을 정히 가졌으나, 요즈음
엔 목욕재계만 하고 굿 직전에 손발을 깨끗이 씻는
것으로 대신한다.

오방기뽑기를 하고 나온
돈을 무당이 양 얼굴에 꽂
으며 노는 모습.

도당굿의 거리와 내용은 마을 전통에 따라 특별히
해야 하는 거리를 제외하고는 어디서나 일정하다.
기본 순서를 보면 당주굿으로 시작해서 거리부정,
안반고수레(잔고시레), 부정굿(앉은 부정, 초부정),
도당 모셔오기, 돌돌이, 장문잡기, 시루말, 제석(청
배, 제석굿), 본향굿(도당할머니굿), 터벌림, 손굿,
군웅, 도당 모셔다 드리기, 중굿(신장굿), 뒷전 등
16거리를 기본으로 해 진행된다.

경기 도당굿은 예술성도 뛰어나다. 악기편성을 보
면, 무가의 반주로는 장고, 징·피리·젓대·해금으

도당굿의 맥을 이어가고 있는 오수복 기능보유자

군웅굿. 쌍군웅춤을 추고 난 다음 군웅님께 절을 하는 모습.

로 편성된다. 그리고 진쇠춤, 부정놀이춤, 반설음(터벌림) 춤의 반주에는 꽹과리·징·장구로 편성되고, 굿거리춤, 덩덕궁이춤의 반주에는 장고·징·피리·젓대·해금으로 편성되는 등 변화가 다양하다. 장단

뒷전. 각종 잡귀 잡신을 놀리고 풀어먹이는 마지막 거리. 사람만한 허수아비가 등장한다.

을 보면 경기 도당굿에서만 발견되는 독특한 장단들이 많다. 무가의 장단으로는 도살풀이 · 몰이 · 발뻬드래 · 푸살 · 덩덕궁이 · 가래조 · 섭채 등이 있으며, 굿춤의 반주에 쓰이는 장단에는 진쇠 · 부정놀이 · 터벌림 · 올림채 · 겹마치 · 덩덕궁이 등이 있다. 춤으로는 진쇠춤 · 제석춤 · 터벌림춤 · 손님춤 · 군웅춤 · 도살풀이춤 등이 유명하다. 특히, 음악의 선율이 육자배기토리(시나위조)로 되어 있고, 패기성음(판소리 계면 및 평조성음)이 여러 거리에서 소리되어지는 것도 특기할 만하다

인천직할시 남구 동춘동의 동막마을에서 전승되어오던 도당굿을 토대로 하여 1990년에 중요무형문화재로 지정하였으며, 현재는 오수복이 예능보유자로 활동하고 있다.

6. 군웅굿. 군웅노정기를 구송하고 있다.

은산 별신제

장군들이 부여삼충사에서 꽃을 받아 은산면으로 돌아오고 있다.

별신당으로 꽃과 제물을 올리고 있다. 입에는 부 정을 타지 말라고 백지를 삼각형으로 접어 물고 있 다.

저녁 제사가 끝나면 소지 를 올리는데 무녀나 장군 들이 대신 소원을 빌어 주 기도 한다.

진설이 끝나면 제사를 올 리는데 그 형식과 음악이 매우 독특하다.

충청남도 부여군 은산면 은산리에 전승되어 오는 별신제다. 은산은 역원이 있고 교통의 요지로서 물 산의 집산지였으며, 백제시대에는 수도 부여에서 임 존성으로 통하는 길목이었다. 전설에 의하면 옛날 은산에 병마가 퍼졌으며, 한 노인의 꿈에 현몽하기 를 "억울하게 죽은 내 부하들의 백골을 잘 수습해 주면 병마가 없게 하겠다"고 하여 마을 사람들이 흩어져 있는 백골을 수습하고 굿도 해주었더니 병마 가 없어지고 마을이 평안해졌으며, 그 후에도 계속 제를 지낸 것이 은산 별신제라고 한다. 별신당에 산 신과 더불어 오랫동안 임존성을 근거로 백제 재건운

장군들과 마을사람의 별신제 올리는 마음이 매우 진지하고 경건하다.

별신당 앞에서 상당굿을
하고 신대 신내림을 하고
있다. 신대의 방울이 울
리지 않으면 굿을 다시 해
야한다.

장승제. 동서남북 마을의
네 곳에 진대와 장승을 세
우고 고사를 지낸다.

하당굿 전경

쌀이 담긴 말되에 촛불을 꽂은 뒤 장군들에게 바친 다음 무녀가 술잔을 올린다(마당굿).

뒷전이다. 당수나무에서
잡귀 잡신을 풀어먹이기
위해 치성을 올린다음 음
복한다.

동을 벌였던 복신장군을 모신 것으로 보아 별신제의
유래와 백제 부흥운동 실패와의 관계를 추론하기도
한다.

이 별신제는 3년 만에 한 번씩 거행한다. 규모가
커서 옛날에는 약 보름 동안 하였으나 근래에는 8일
정도로 끝이 난다. 흔히 택일하여 결정하되 월동하
는 뱀이 밖으로 나오기 전에 하기로 되어 있으며, 윤
달은 피하는 것으로 되어 있다.

별신을 지내려면 마을유지를 중심으로 준비모임
을 결성하여 대동치성 전반을 처리한다. 먼저 제수

와 제주로 쓸 물을 보호하는 '봉물' 의식을 하고, 별신대인 진대를 베어오는 의식을 거행한다. 다음에 '꽃받기' 를 하는데 정결한 장소를 정해 한 달에 걸쳐 목욕재계하며 별신에 바칠 꽃을 모셔오는 의식이다. 마침내 본제를 지내는데 상당에 제물을 올리고 밤에 무당이 굿을 하기도 하고 다음날 오전에 상당굿을 하기도 한다. 오후에는 시장에 내려와 시장발전을 위한 하당굿을 거행한다. 하당굿을 마친 3일 후에 별신이 끝났음을 고하는 독산재를 지낸다. 독산재가 끝난 다음에는 장승을 새로 세우고 장승제를 지낸다.

별신제는 장군제의 성격이 짙고 시종일관 엄격한 금기가 지켜지고 있다. 임원들은 기름기나 생선을 먹지 않기 위해서 제사기간 화주집에서 함께 회식하고, 절을 할 때에 33번 하는데 한 번 절할 때마다 엎드려 세 번 고개를 숙여 모두 99배를 하는 '고두백배' 가 전승되고 있다.

은산 별신제는 1966년에 중요무형문화재로 지정되었으며, 차진용·석동석이 보유자이다.

금산 대보름놀이

충청남도 금산군 금산읍 장동마을에서 매년 정월
에 행해지는 보름놀이이다. 장동마을은 가구 수가
85호 정도로서 비교적 규모가 있는 농촌마을이다.

김해 김씨 집성촌으로 거의가 농사를 짓는다. 인삼을 재배하는 집도 몇 집 된다.

이 마을은 해마다 정월이면 마을에 있는 탑에서 거리제(초3일)를 지낸다. 마을의 평안을 위해 옛부터 지내왔다고 한다. 마을에 들어오는 병을 막고, 왜군의 침입을 막아달라는 내용이 주였으며, 현재는 마을 사람들이 서로 싸우지 않고 동네에 좋은 일만 생기게 해달라고 기원한다.

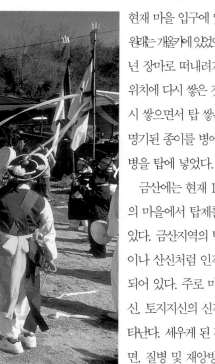

현재 마을 입구에 있는 탑이 원래는 개울가에 있었으나 1972년 장마로 떠내려가 지금의 위치에 다시 쌓은 것이다. 다시 쌓으면서 탑 쌓은 날짜가 명기된 종이를 병에 넣고 이 병을 탑에 넣었다.

금산에는 현재 100여 개의 마을에서 탑제를 지내고 있다. 금산지역의 탑은 장승이나 산신처럼 인격이 부여되어 있다. 주로 마을신, 탑신, 토지지신의 신격으로 나타난다. 세우게 된 경위를 보면, 질병 및 재앙방지, 풍수

섬다리 농기

정월 대보름에는 달밤에 다리를 밟으러 나가는 다리밟기가 전국적으로 행해졌었다. 이 다리
밟기를 통해 겨우내 운동부족으로 굳어 있었던 다리와 몸을 풀 수 있어 양반들도 참여하는 세
시풍속이었다. 특히, 부녀자들과 젊은이들에게 인기가 좋았는데, 평소 바깥 구경을 할 수 없
는 부녀자들이 세상 구경을 할 수 있는 절호의 기회이자 청춘 남녀가 눈빛을 주고받을 수 있
는 합법적인 기회였기 때문이다. 장동마을에서는 마을 앞개울에 오쟁이에 돌을 넣어 만든 징
검다리를 섬처럼 놓아 다리밟기를 하였다. 동시에 액막이 목적으로 달걀에 불을 밝혀 비나리
를 하며 물에 띄워 보냈다.

탑제

미리 금줄을 세 줄로 둘러
진 탑에 밤이 되면 마을
공동으로 탑제를 지낸다.
마을 사람들이 가정별로
촛불을 켜 소원성취를 기
원하기도 한다.

달집태우기
달집태우기는 농경이 활발한 지역에서 주로 행해지는 대보름놀이다. 볏짚이나 솔가지로 달집을 만들어 고사를 지낸 다음 달이 떠오르는 시간에 맞춰 불을 붙인다. 달집이 활활 잘 타야만 마을이 태평하고 풍년이 들며, 잘 타지 않고 연기만 나다가 도중에 꺼지면 마을에 액운이 온다고 믿었다.

디딜방아 훔치기
전염병을 막을 목적으
로 동네 부녀자들이 이
웃 마을의 디딜방아를
밤을 이용하여 훔쳐온
다.

디딜방아에 고사상을
차려놓고 고사를 지낸
다. 참석한 여인들이 소
지를 태우며 제액과 치
병을 기원한다.

설에 의한 비보용으로, 풍수설에 의한 제액용으로, 화재 방지목적, 재물의 획득을 위해, 주민간의 알력 해소 방책 등이다. 탑은 독자적으로 신앙되어지는 경우와 다른 신앙물과 복합적으로 결합되어 있는 경우가 있다. 신목, 장승, 솟대, 선돌, 미륵과 결합되어

디딜방아를 훔쳐오는데 성공하면 디딜방아에 경도가 있는 여자의 속옷을 걸쳐놓는다. 현재는 피속 곳 대신에 팥죽을 묻여 재연하고 있다.

터주가리
장동에는 현재 터주가리를 모시고 있는 집도 있다.

있거나 탑, 장승, 솟대, 신목이 함께 있는 사례도 발견된다. 탑이 세워지게 된 경위나 복합형태야 어떻든 결국 탑제는 마을공동체의 결속과 통합의 기능을 훌륭히 수행해냈다.

탑제는 여타 마을굿과 마찬가기로 마을회의와 걸립과정을 거쳐 탑제가 이뤄진 후 대동놀이도 행해진다. 장동 마을의 경우 보름이 되면 오쟁이에 돌을 넣어 마을 앞 개울에 징검다리(섬다리 놓기)를 만든 다음 자신의 나이대로 다리를 왕복하여 밟아나가는 다리밟기를 하며, 계란껍질에 불을 붙여 개울물에 띄워보내는 불놀이, 그리고 달집태우기 등을 한다. 그리고 다른 마을에 전염병이 돈다는 소문이 나면, 전염병이 마을에 들어오는 것을 막기 위해서 옆마인 양지리의 디딜방아를 훔쳐다가 여자 속곳을 씌우고 팥죽을 뿌려서 마을 입구에 거꾸로 세워 놓거나 태워버리는 디딜방아 훔치기도 행해졌었다.

남원 달집태우기

달집태우기란 정월 대보름 세시풍속놀이 중의 하나다. 정월 대보름날 달이 떠오르기 전에 마을 앞 넓은 논바닥이나 산기슭, 혹은 언덕에 달집을 만든다. 형태는 지방에 따라 다르나 대개 간단한 구조로 되어 있다. 막대기 3개를 적당한 간격으로 세우고 그 꼭대기를 한 점에 모이도록 묶는다. 한 면만을 터놓고 다른 두 면은 이엉으로 감싼다. 터놓은 쪽을 달이 떠오르는 동쪽으로 향하게 하고 그 가운데에 새끼줄로 달 모양을 만들어 매단다. 이것을 달집이라고 한

달집에 불을 붙이는 순간. 달집 앞에 금줄을 친 모습이 보인다.

타오르는 달집을 구경하는 사람들

달집 주위를 도는 풍물패

다. 지방에 따라 달집을 대나무를 세워 만들기도 한
다.

남원지방의 경우에는 달집 속에 솔가지를 쌓고 겉
에 대나무로 덮는다. 그리고 삼재(三災)가 끼었거나
액이 낀 동네사람들의 속옷을 달집 속에 넣는다. 그
리고 떡시루와 막걸리로 간단한 고사상을 마련하여
달집 앞에 놓고 마을의 평안과 풍년을 비는 고사를
지낸다.

마침내, 달이 솟아오르는 것을 맨 처음 본 사람이
달집에 불을 당기고 달을 향해 절을 한다. 불을 붙이
면 마을 풍물패가 굿을 치며 달집을 돈다. 달집이 훨
훨 잘 타야만 마을이 태평하고 풍년이 들며, 만일 연
기만 나고 도중에 불이 꺼지면 마을에 액운이 있다

고 한다. 그리고 달집이 타서 넘어질 때에 그 넘어지는 방향에 따라 그 해의 흉풍을 점치기도 한다. 지방에 따라서는 각 가정별로 달집을 마당에 조그맣게 만들어 태우기도 했다.

달집을 태울 때 겨우내 띄우던 연에 생일생시와 성명, 그리고 염원의 글을 써서 달집에 태워 액막이를 하는 수도 있다. 이는 한겨울 연을 날리고 나서 정월 보름이 되면, 연에다 자기 성명과 생일생시와 염원을 써 솜으로 고추를 만든 다음에 연 줄에 달고 불을 붙여 연을 띄워 점점 타 들어가다 연실이 끊어져 저절로 하늘 멀리 날려보냄으로써 액을 막는 풍속과 궤를 같이 하고 있다. 달집이 타고 남은 숯불에 콩을 다리미에 담아 볶아 먹기도 한다. 그러면 부스럼이 나지 않는다고 믿었다.

이처럼 달집태우기는 정월대보름의 만월, 즉 달이 갖는 여성성의 이미지에 풍요와 다산을 기원하는 마음과 불이 갖는 제액의 기능을 통해 일 년간의 안녕과 풍요를 다짐함과 아울러 놀이를 통해 겨울에 필요한 어린이들의 영양분을 보충하는 다목적의 기능이 결합된 세시풍속이다.

(6) 개인무굿

→ 굿상을 다 진설 한 다음 망자의 사진 위에 넋을 올려놓는 채 정례단골. 단골과 고인(악사) 일행은 망자의 집에 미리 도착하여 한지로 넋, 넋상자, 지전 등 씻김굿에 필요한 물건을 만든다. 넋은 종이 한 장으로 이리 저리 접고 오려서 만든(절대로 풀을 사용하지 않는다) 사람형체로 망자의 넋을 상징한다. 남자망자와 여자 망자의 넋 모양새는 다르다.

진도 씻김굿

　　망자가 이승에서 풀지 못해 맺혀 있는 원한을 풀
어줌으로써 극락왕생하도록 기원하는 진도지방의 사
령(死靈) 굿이다.

　　씻김굿을 '야락(野樂)', '야락잔치', '마
당생기(生氣)', '뜰
생기' 라고도 부른다.

마당에 차일을 치는 등
굿청을 마련하여 마치
잔치를 치르듯 동네사
람들이 모여 흥겹게 굿
을 하기 때문이며, 이
는 표면적으로는 망자
의 극락왕생을 기원하
는 것 같지만 현실적
으로는 산 사람들(유
족) 들의 슬픔해소와 복
락발원에 씻김굿이 기
능하기에 붙은 이름들
일 것이다. 제석굿을 분

넋 올리기. 망자가 굿을 잘 받고 있는지 넋을 올려보는 절차다. 가족이나 친지의 머리 위에 넋을 올려놓은 상태에서 지전으로 올려보아 따라 올라오면 넋이 오른 것이다. 넋이 안 오르면 오를 때까지 되풀이한다. 사진의 모습은 망자의 남편에게 넋을 올려보는 상황이다.

본격적으로 망자의 한을 씻어 줘 극락왕생 할 수 있도록 희설, 고풀이, 씻김 거리에 들어가기 위해서는 망자의 신체를 만든다. 조석을 편 다음, 준비한 망자의 옷으로 살아생전 입는 것처럼 차려준다. 버선(양말)도 신겨주고, 대님도 채워주며, 신발도 신기고, 주머니에는 돈(저승 노자돈)도 넣어준다. 머리형체도 만들어 준다. 이렇게 펼쳐놓은 상태에서 단골이 앉아 60 갑자에 맞춰 희설을 하고 일어난 다음 고를 풀어준다.

씻겨낼 순서가 되면 바닥에 펼쳐놓았던 망자의 신체를 돌돌 말아 세워놓은 다음, 누룩과 밥그릇(넋을 담았다)을 꼭대기 부분에 넣고 솥뚜껑을 덮는다. 이렇게 사람형체를 만든 다음, 신칼과 지전을 들고 씻겨내는 무가를 부르기도 하고 향물, 쑥물, 맑은 물로 씻겨내기도 한다. 사진은 씻겨나가면서 지전으로 지전춤을 추는 모습이다.

기점으로 전반부는 산 사람들을 위한 구복의 성격이 강하고 후반부에 비로소 망자를 위한 씻김과 해원의 례가 이뤄진다.

씻김굿에는 시간과 장소에 따라 그 내용을 달리하는 여러 종류가 있다. 초상이 나서 시체 옆에서 행하는 '곽머리 씻김굿', 소상날 밤에 하는 '소상 씻김굿', 이상의 씻김굿을 제때 못했거나 집안에 우환이 심해 벌이는 '날받이 씻김굿', 초분 뒤에 묘를 쓸 때 행하는 '초분이장 씻김굿', 집안의 경사에 대해 조상의 은덕을 기려서 벌이는 '영화 씻김굿', 익사자의 넋을 건져 한을 풀어주는 '넋 건지기굿', 총각이나 처녀로 죽은 이들끼리 결혼시키는 '저승혼사굿' 등이 여기에 속한다.

씻김굿은 세습무들에 의해서 집전되어지고 전승

되어 왔다. 강신능력을 갖지 않은 세습무들은 고도의 음악과 예술을 바탕으로 굿하는 목적을 달성하게 된다. 그래서 씻김굿은 높은 음악성과 예술성을 담고 있다.

신을 달래고 위로하는 음악(육자배기목을 주로 쓰고, 피리 · 대금 · 해금 · 장고 · 징으로 편성된 삼

곽머리씻김은 사람이 죽으면 장례를 치르면서 바로 하는 씻김굿으로 관을 집 안에 놓고 한다고 하여 곽머리씻김이다. 염을 끝낸 시신이 담긴 관(곽)을 안 방에 놓고, 긴 천(저승길을 상징)을 마당의 굿상과 관에 연결한 채 굿을 한다. 최근에는 영정사진을 관 앞에 놓기도 한다.

질닦음. 망자의 저승천도를 위해 저승길을 닦아주고 있다. 유족이나 진지 등 굿판에 모인 사람들은 질(길) 위에 저승 노자 돈을 올려주게 된다.

현육각 편성에 흘림 · 대학놀이 · 진양 · 삼장개비 · 마음조시 · 선부리 · 굿거리 · 중중모리 · 떵떵이 · 살풀이 · 잔진모리 · 무장구 등의 장단을 써 정형과 부정형의 음악양식을 자유자재로 넘나들며 즉흥성을 최대한 발현시키는 시니위음악)이 주가 되고, 춤은 지전춤과 신칼춤이 기본으로, 발을 올리거나 뛰는 동작이 없어 제자리에 정지한 동작으로 감정을 맺고 그것을 적절히 얼렀다가 우아하게 풀어내는 것이 특징이다. 무복은 흰치마, 흰저고리에 흰버선이 기본으로 제석굿의 경우에는 흰고깔을 쓰고 흰장삼을 덧입는다. 진도 씻김굿은 1980년에 중요무형문화재로 지정되었다.

서울 새남굿

서울 새남굿은 서울 지역의 상류층이나 부유층에서 망자천도를 위해 하던 사령굿의 일종이다.

새남의 어원은 '새로 태어남'이라는 설이 제기되고 있으나 명확히 밝혀지지는 않고 있다. 궁중의 화려한 복식과 우아한 춤사위, 그리고 각종 정교한 의례용구를 갖추고 있다.

전통적 새남굿은 만신 5인과 잽이 6인(삼현육각)이 참여하는데 현재는 만신 3인과 잽이 3인 정도의 편성으로 축소되었다. 구성은 전체 29거리로 짜여있으며, 전반부의 안당사경맞이와 후반부의 새남굿으로 그 내용이 대

佛師 거리 불사 천군, 일월성신, 질성을 위하여 노는 거리

죠영실. 제가집의 4 대까지의 죠상을 모셔들이는 죠상거리에서 죠상들이 만신에게 씌여 가쪽
과 만나는 모습이다. 만신이 망자의 저고리를 비스듬히 걸쳐 입고 한다.

별된다. 전날 저녁에
시작하여 다음날 저
녁, 즉 2박3일간에
걸쳐 굿이 진행된다.

그 구체적인 내용
을 살펴보면, 우선 안
당사경맞이로서 총 16
거리로 구성되어 있
다. 즉 주당물림, 부
정거리, 가망청배, 진
적, 불사거리, 도당거
리, 초가망거리, 본향
거리, 조상거리, 상산
거리, 별상거리, 신장
거리, 대감놀이, 성주

바리공주 무가 구송모습.
말미거리에서 화려한 옛
왕녀복 차림을 한 만신이
장구를 혼자 치면서 한다.

거리, 창부거리, 뒷전거리까지이다. 이 안당사경맞
이의 내용은 일반적인 서울지방의 재수굿의 형태를
골간으로 하고 있다. 차이점이라면 조상거리에서 망
자의 혼을 모셔 초영실을 노는 것이 일반 재수굿과
다르다. 안당사경맞이가 끝나면 본격적으로 새남굿
으로 넘어간다. 새남굿은 새남부정, 가망청배, 중디
박산, 사재삼성거리, 말미, 도령(밖도령), 영실, 도령
(안도령), 상식, 뒷영실, 베째(또는 베가르기), 시왕

안도령, 망자의 혼백을 인도하는 바리공주가 12 저승문을 통과하기 위해 열두 바퀴를 돈다. 이
때 가족들이 큰상을 들고 뒤 따른다.

군웅거리, 뒷전의 13 거리로 이뤄져 있다.

서울 새남굿의 특징을 다음과 같이 꼽을 수 있다. 첫째, 거리수가 많으면서도 정치한 구성을 보이며 또한, 화려하다. 둘째, 망자와 관련된 무교, 불교, 유교의 관념과 의례가 적절히 편성 혼합되어 있다는 점이다. 셋째, 조선조의 궁중복식과 음악이 많이 포함되어 있는 점으로 미루어 궁중의 망자천도의례로 놀아졌을 것이라는 추측을 가능케 한다.

산천문, 저승으로 통하는 문.

서울 새남굿은 비교적 늦은 시기인 1995년에 비로소 중요무형문화재로 지정을 받았으며 예능보유자로 김유감 만신이 선정되었다.

순천 삼설량굿

지금도 미친 사람을 고치는 방법으로서 굿은 큰 효과를 보고 있다. 양의사의 묵인하에, 무당이 정신병동에까지 들어가 환자를 치유하기 위해 밤새도록 굿을 한다는 사례가 발견되기도 한다.

삼설양굿은 미친 사람을 고치는 굿으로 순천지방에서 전승되는 독특한 치병굿이다. 심리적인 문제로 정신이상이 된 경우는 효험이 없으나 잡귀가 붙어 정신이상이 된 경우에는 백발백중 효과가 있다고 한다. 또한 신병일 경우에도 한다.

"삼설양"의 정확한 뜻은 명확하지는 않다. 다만 예전부터 "설양을 묻자"라는 표

굶어죽은 귀신이 들어와 게걸스럽게 음식을 먹고 있다.

현을 썼다는 김순태고인의 이야기와 진도 신안지역에서 "설양"을 철용신을 일컫는 다른 명칭이라는 점을 고려한다면 잡귀 때문에 생긴 병이기 때문에 잡귀를 몰아 앞뒤 철용에 꼭꼭 묻어 퇴치함으로써 병을 낫게 한다는 의미로 추측된다.

이 굿은 거리굿의 일종으로서('거리중천굿'이라고도 한다) 씻김굿의 맨 마지막 중천막이를 할 차례에 한다. 씻김굿을 다 하고 중천막이를 할 차례가 되면, 단골네가 온갖 잡귀를 불러모아 잘 먹이고 놀려서 달랜 뒤 돌려보낸다. 그리고 막을 치고 막 안에 물항아리를 준비한 다음 환자를 물항아리에 앉힌다. 단골네는 칼춤을 추며 동쪽으로 뻗은 복숭아 나뭇가지로 환자를 때리며 잡귀를 떼어낸다. 그런 다음에 막을 불지르고 도끼로 물항아리를 깨버리는 것으로 끝을 맺는다. 특히, 온갖 잡귀가 등장하여 원을 달래고 가는 과정은 단골네와 고인이 재담을 주고 받는 형식으로 되어 있다. 이 구조는 동해안 별신굿의 마지막 거리굿이나 여타 지역의 뒷전굿과 비슷한 형식과 구조를 갖고 있어 연극성이 매우 높다.

병을 치료하기 위해서는 이 거리만 해도 되지만 앞에 씻김굿을 하고 넘어가는 것은 씻김굿을 원하는 사람들의 욕구 때문이라는 것이 김순태 고인의 설명이다.

이 삼설양굿을 전승해온 단골가는 순천의 김순

봉사로 죽은 귀신이 백동강을 건너기 위해 고인에게 길안내를 받고 있다.

귀신을 쫓아내는 복숭아
가지(동쪽으로 뻗음)를 들
고 춤을 추고 있는 박경자
단골

도채비(도깨비)

환자를 항아리 위에 얹히
고 바가지를 씌운 다음,
칼과 복숭아가지로 살을
풀어내고 있다.

도끼로 환자가 걸터앉은
항아리를 깨뜨려버려 쓰
러진 환자를 일으켜 세워
주는 단골

깨진 항아리와 바가지 잔해. 액과 살이 산산히 씻겨나간 것을 상징한다.

태·박경자 부부다. 삼설양굿뿐만 아니라, 순천·낙안지방의 세습단골가굿을 제대로 전승하는 분들로 인정받고 있으나 불행히도 김순태 고인은 1995년에 작고하였으며, 박경자 단골만 혼자 무업을 이어가고 있다.

황해도 만구대탁굿

만구대탁굿은 만 가지의 구설수와 액을 크게 막고 가려 노인들의 만수무강과 사후의 극락천도를 기원하며, 만신 자신과 만단골의 재수대통과 행운을 축원하기 위해 하는 아 주 큰 굿이다. 소를 잡고 돼지도 몇 마리 잡을 정도로 크며, 닭도 같이 잡아 삼타살을 한다. 산수왕을 갈라 산 넋을 드린다. 일생에 1회가 보통이며 3회 이상 하기 힘든 굿으로 알려져 있다. 초년에 하는 소대택, 중년에 하는 중대택, 말년에 만대택이 그것이다. 이 굿은 닷새에서 일 주일에 걸쳐 거행하게 되며, 친인척,

문 · 부정도 가리고, 시왕 거리에서는 시왕전을 이 문밖으로 넘겨 길을 닦기도 한다. 이승과 저승, 안과 밖을 가르는 경계인 셈이다.

열두 괘를 걸어놓은 모습.
(김금화 만구대탁굿)
'괘'란 각각 종류대로
소원을 빌기 위해서 종이
를 오려 만든 둥근 등이
다. 굿당 안쪽에서부터 두
줄로 건다. 주망괘, 일월
괘, 칠성괘, 인물괘, 쑹쑹
괘, 은전괘, 돈전괘, 대왕
괘, 화전괘, 보화괘, 수왕
괘, 금전괘가 모두 열두
괘다.

단골, 동네 사람들이 다 축하하고 구경하게 되어 대
동굿의 성격도 더불어 갖고 있다.

만구대탁굿은 준비물이 여느 굿보다 많고 독특하
다. 굿하기 한 달 전에 종이에 물을 들여 지화를 피운
다. 수련연화, 칠성화, 미륵화, 일월화, 부군화, 삼천
병마화 등 꽃을 피워 굿당에다 장식하고 백학 한 쌍
과 잉어 한 쌍, 일월등, 만월등 등의 등을 단다. 특이
한 점은 만신들에게 꽃갓을 하나씩 피워 주는 것이
다. 살림이 넉넉한 집에서는 무당과 그 일행에게 옷
을 한 벌씩 해주기도 한다. 굿하는 집 마당 높은 곳에
칠성장발, 감흥장발, 장군장발 등 장발을 띄우되, 장
발마다 한 줄로 글씨를 써 넣고 띄운다. 굿청은 굿당
안쪽에서부터 두 줄로 건다. 마당 동쪽이나 북쪽의
큰 나무 가까운 곳에는 선반 모양의 덧도매를 매놓

굿상차림

모시는 신격에게 일일이 하나씩 올리는 떡시루, 반데기나 웰떡 인절미 등 갖은 떡, 그리고 서리와·조상꽃·군웅꽃·감흥꽃 등의 갖은 지화, 옥수와 조락술, 고사리·숙주 등 나물류, 5색·7색과일과 과자 등등을 준비하여 올린다.

초부정·초감흥굿

굿당의 부정을 씻어내어 굿당을 정갈하게 한 뒤에 제신들을 청배하여 즐겁게 놀려서 제단에 좌정시키는 거리다. 사진은 제신을 모셔들인 다음 대신 발과 부채를 높이 들고 있다.

고 그 위에는 수숫대나 짚을 깔아 명다래를 얼기설기 걸쳐놓고 칠성다래와 수왕다래를 접어서 올려놓기도 한다.

갖은 음식도 준비된다. 떡으로는 인절미, 차절미, 백설기, 팥시루, 녹두시루, 일월떡, 흰반대기, 조반대기, 수수반대기를 준비하며, 삼색과 육색과를 장만한다. 포와 적도 만들어 올리며,

쵸부졍 · 쵸감흥굿
졔신에게 술을 올리는 모습이다. 대신발을 어깨에 걸치고 삼베를 왼손에 튼 다음, 그 위에 술양푼을 올려놓고 긴노래로 "만감흥님 약주 일배..."를 띄우고는 국자로 술을 떠 굿상에 술을 올린다. 이어서 양푼의 술을 떠 문밖으로 세 번 버리게 된다.

삼색나물(숙주, 고사리, 도라지)을 올린다. 그리고 술을 준비한다.

무복도 만신이 갖고 있는 모든 무복을 다 갈아입고 나오는데 고 우옥주 만신의 경우 200여 벌의 무복을 갈아입으며 만구대탁굿을 하기도 하였다.

굿거리는 30여 거리에서 40여 거리가 놀아지며, 황해도굿에서 나오는 모든 기예와 놀이가 종합적으로 펼쳐진다. 쌍장구, 쌍징, 쌍바라(소바라, 대바라),

성주굿

한 집안의 길흉과 재복을 관장하는 성주신을 대접하고 그 집안의 복과 길함을 기원하는 굿이
다.

대감놀이

모든 재물을 관장하는 대감신에게 풍요를 기원하는 굿으로서 만신이 대감신을 모셔들이기 위해 청배를 하고 있다.

새납, 쌍피리, 해금, 대금 등으로 구성된 음악이 연주되고, 소놀이, 병신춤 등이 놀아져 연극성과 음악성이 특히 높다.

황해도 만구대탁굿은 죽은 우옥 주만신과 김금화 만신이 유명하다.

동해안 오구굿

오구굿은 죽은 사람의 영혼을 인도하여 저승천도를 위해 하는 굿이다. 특히, 비명횡사를 하는 등 원한에 쌓여 간 넋을 해원시키기 위해 많이 한다. 사람이 한에 쌓여 비명에 죽으면 혼령이 갈 곳을 가지 못하

굿상에 올릴 꽃을 피우고 (만들고) 있다. 동해안굿에 쓰이는 꽃은 그 종류가 다양하고 화려하다. 오귀굿에 쓰이는 꽃은 연꽃, 주란, 작약, 산성암박꽃 등이다. 굿청을 마련하기 위해서는 꽃뿐만 아니라 등과 용선도 만들어 걸어 놓아야 한다.

죠망자굿

죽은 사람의 넋을 불러오는 굿거리다. 망자가 죽은 장소나 지역, 혹은 집에서 이뤄진다. 망자가 바다에서 죽었으면 바다에 나가 넋을 건져내온다. 넋이 나오면 넋을 모시고 굿청으로 모셔 들인다. 사진은 망자의 산소 아래쪽 중턱에서 죠망자굿을 하는 모습이다.

대를 잡아 망자의 넋을 불러 들인다.

흰두루마기를 입고 있는
청년은 망자의 아들이다.

넋반내리기
망자의 넋을 모셔놓은 넋
반을 통해 접신된 상태.
친족인 할머니에게 망자
가 실려 마주앉은 망자
의 부인과 대화를 나눴
다.

제단 모습

중앙에 길대부인, 오구대왕, 바리데기를 그려 놓은 무신도가 모셔져 있다. 그 밑으로 망자의 지방과 영정을 모셔놓았다. 우측의 할머니는 짝즉 남자 망자의 어머니이다. 굿상은 야외에 설치한 굿청에 만든다. 굿청은 주로 바닷가 모래사장이나 마당에 설치한다.

고 가족이나 친인척 주위를 배회하며 한풀이를 원하게 된다고 굿에서는 보고 있다. 그렇게 되면 동기나 친척들에게 우환이 생겨 산사람들에게 해가 온다고 믿는다. 오구굿을 하는 것은 이를 방지할 목적이 현실적으로 강하다. 또한 부모의 경우에는 생전에 한을 풀지 못하고 배회하는 것은 자손된 도리로서 괴로운 일이기에 무당에게 의뢰하여 오구굿을 한다.

동해안 오구굿은 부산에서 양양까지 동해바다를 낀 동해안 지역에서 정통 세습무들에 의해 이뤄지는 굿이다. 이 지역은 생활이 바다와 밀접한 관계를 맺고 있기 때문에 바다에서 죽은 넋을 풀어먹이는 경우가 많으며, 굿의 내용에도 바다와 관계되는 내용이 주류를 이루고 있다.

오구굿을 하기 위해서는 먼저 야외에 차일이나 포장을 치고 굿청을 설치한다. 굿청이 준비되면 죽은 넋을 불러 모셔들이면서 (초망자굿) 부터 굿은 시작

넋반내리기
죽은 남편과 대화를 다
마치고 난 부인이 일
어나 춤을 추며 운다.

바리데기 서사무가를 구송하고 난 다음의 상황이다. 쟁반에 뿌려논 밀가루(쌀가루)에 나타난 형상(새발자국, 개발자국 등)을 보고 망자의 환생여부를 알아본다. 오구거리에서 이뤄지는 모습들이다.

소지올리기
판염불을 하는 동안 유족
이 소지를 올리고 있다.
소지는 굿이 진행되는 동
안 수시로 행해진다.

된다. 익사하였을 경우에는 물에 나가 넋을 건져내
야 한다. 저승을 관장하는 오구문을 염불과 축원으
로 열고 들어간 다음(문열기)에, 세존님(부처)과 군
웅의 가호로 극락왕생을 기원하며, 유족의 살을 풀
어 주는 거리로 이어진다. 이 거리(세존굿, 군웅굿)
에서는 가족에게 공수가 내려진다. 이어 넋반내리기
를 통해 죽은 망자와 유족간에 만남이 이뤄지고 가
정사의 길흉에 대한 문답이 이뤄진다. 이어서 오구
풀이를 무녀가 구송한다. '오구풀이'(저승을 관
장하는 오구대왕님의 천덕꾸러기 딸 바리공주가 갖
은 고난을 극복하고 생명수를 길러다 병든 오구대왕
님을 살려낸다는 내용)에는 바리공주의 강한 생명
력을 받아서 죽은 망자의 극락왕생을 기원하고, 거
듭 태어나기를 염원하는 마음이 담겨 있다. 이 오구

무녀가 조석에 망자의 의복과 돈을 넣고 원한을 씻어내는 축원덕담을 해준다.

즐거운 마음으로 극락세계에 잘 가시라는 무녀의 노래에 환하게 웃는 망자의 부인.

뱃노래

망자가 망망대해를 건너
저승으로 타고 갈 용선을
유족들이 모두 붙잡아 당
기며(긴 천이 용선에 연
결되어 있다) 저승천도를
기원한다.

풀이가 오구굿의 중심 굿거리다. 다음에는 성주님
(성주굿)과 조상님(조상굿)을 찾아 굿한 내력을 고
하고 유가족의 무사안녕과 행운을 기원한다. 망자와
유족들의 극락왕생과 행운을 축원하는 내용을 염불
식으로 해주는 판염불은 남자무당(양중)의 몫이다.
이어서 해원이 됐을 망자를 기쁘게 해주기 위해 꽃
을 들고 무녀들이 집단으로 춤을 추면서 꽃노래를
불러주며, 용선을 타고 대해를 건너 저승으로 잘 가
도록 뱃노래를 불러준다. 탑등을 밝혀 극락왕생을
축원하는 것으로 끝을 맺는다.

황해도 내림굿

　내림굿이란 신병을 앓던 사람이 정식으로 신을 받아들여 무당의 길로 접어들기 위해서 하는 입무의식이다. 이 내림굿은 세습무에서는 있을 수가 없고 강신체험을 직접하는 강신무에게만 존재한다. 황해도 내림굿이라 하면 황해도 지방의 무의례를 통해 신받음을 치러내는 굿이 되겠다.

　황해도 내림굿은 크게 세 단계로 이뤄진다. 먼저 '허주굿'을 하는데, 이는 부정한 잡신들을 물리쳐 몸과 마음을 정갈하게 하는 굿이다. 허튼굿, 허침굿이라고도 한다. 허주굿을 하고 난 다음에 3~4개

내림을 받고자 하는 여인 (짝측)이 무녀로부터 공수를 받고 있다.

제석거리에서 제석님께 올리는 제석밥그릇이 무녀의 입술에 붙었다. 신이 내리신 것이다. 이를 떼어내려는 무녀와 떨어지면 제석밥그릇을 받으려 조심스레 기다리는 여인.

제석님이 주시는 복을 넓은 치마폭에 덥석 받으려는 여인.

월 후에 다시 날을 잡아 내림굿을 한다. '내림굿'은 당사자가 받아 모실 몸주신과 큰 신을 받아들이기 위해 하는 굿이다. 내림을 받고 5~6년이 지나면, 신의 면모를 갖추어서 신명의 위력을 과시함과 아울러 신이 잘 솟아오르게 할 목적으로 '솟을굿'을 한다. 이들 세 굿을 거쳐야 이 모든 의례를 관장하고 이끌어준 무당 사이에 신어머니―신딸 관계가 성립되며, 비로소 완전한 새 무당이 탄생하게 된다.

신병을 앓다가 내림을 받아야 할 단계가 되면 무의식 상태에서 저절로 맨발로 뛰쳐나가 '쇠걸립'과 '쌀걸립'을 하였다. 마음과 발길이 닿는 대로 문을 두드리고 쇠붙이와 쌀을 동냥(걸립) 하게 된다. 쌀걸립은 거의 마을 전체를 돌았다고 한다. 종종 신병을 앓는 사람이 죽은 무당이 평생 쓰던 무구(신

여인이 신령님을 정식으로 받아들여 말문을 트고자 접신을 시도하고 있다. 신어머니가 되실 무녀가 바라를 들고 뒤에서 신령님과의 교통을 인도한다.

신내리기를 몇 시간 노력해도 결국 실패하자 신어머니 되실 분이 여인의 종아리에 회초리를 내리치고 있다. 신령님이 내리시도록 더욱 마음을 가다듬어 정성을 모으라는 질책인 셈이다.

여인이 마침내 용궁물동이에 오르는데 성공하고 있다.

상위에 있는 6개의 밥그릇 중에서 물건이 담겨 있는 밥그릇과 그 내용물을 맞춰내야 하는 시험이 기다리고 있다. 이를 알아맞춰야 진정 신이 내렸음을 인정받게 된다.

다른 무녀들이 타살거리에서 돼지쪽 사슬을 세우고 있다.

뜻대로 굿이 잘 풀려나가지 않자 낙담스러워 하는 여인. 오른손에 든 방울이 절로 올려 떨리고, 영검스러운 신의 말씀이 쏟아져 나오고, 시퍼런 작두날 위에 뛰어 올라 벌떡벌떡 춤을 주며 만인간을 아래로 굽어볼 수 있어야 하련만...

신의 길로 인도하고자 애
쓰고 있는 예비 신어머니
가 징채를 붙잡고 예비 신
딸에게 이런 저런 말씀을
하시고 계시다. 여인의 표
정에는 절박하고도 안타
까운 심정이 배어있다.

여인에게 붙은 여러 살들
을 쳐내는 의식이다.

칼, 방울, 고깔 등)를 묻어둔 곳을 찾아내 가져오는 경
우가 있다. 이를 '무구찾기' 혹은 '구애비 떠오
기'라고 하는데 모두 내림을 받기 위한 준비과정에
해당한다.

최근에는 이 세 단계의 과정을 제대로 지키며 내림
을 받는 경우는 극히 드물며, 쇠걸립이나 쌀걸립도 찾
아보기 어렵다. 한 번으로 내림굿을 처리해 버리며, 아
울러 신어머니와 신딸과의 관계도 점점 퇴색되는 경향
이다.

황해도 꽃맞이

무당들이 자신을 위할 목적으로 하는 굿의 일종으
로서 모시는 신들을 잘 대접하면서 단골들과 함께
잔치를 벌이는 계절치성 성격이다. 서울지방의 진적

일월맞이에서 김매물만신
이 하미를 물고 거상춤을
추고 있다. 일월맞이란 일
월성신을 맞아들이는 거
리이다. 일월성신은 무당
의 수호신 중에서 가장 높
은 신으로 알려져 있다.
하미란 입에 물고 있는 흰
한지로 삼각형 형태로 접
는다. 하미를 하는 것은
입의 부정을 없애고, 입
을 압함으로써 마음의 압
일을 이루기 위해서다.

일월맞이에서 일월칼 끝으로 쌀을 찍어 올려 맴돌이춤을 주고 있다. 일월성신님이 정성을 잘 받으셨는지 확인해보기 위해서다. 맴돌이를 끝내고 칼 끝의 쌀로 산쌀을 준다. 쌀의 개수를 헤아려 짝이 맞아야 좋은 것이다. 맴돌이를 해도 칼 끝의 쌀은 떨어지지 않는다.

조가망거리에서 대신발을 받쳐들고 사방에 절을 하는 모습. 대신발은 신을 청하기 위해 쓰이는 무구로서 굿을 할 때는 방문 옆 서낭마지(무신도) 위에 걸어놓는다. 모든 뜬귀, 잡신들이 이 대신발에 붙어 있다가 돌아가게 함으로써 함부로 굿청에 침범하지 못하게 하는 역할도 한다.

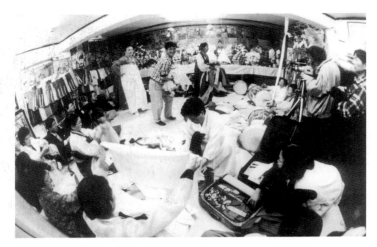

신복놀리기. 쪼가망거리에서 만가망을 모셔들인 우에 그분들의 신복을 전부 놀려준다. 가망이란 모든 신들을 뜻하며 먼저 성수, 일월, 제석 등의 신복을 놀린 다음에 조상옷도 놀려준다.

영정물림에서 부정물림베를 대신칼에 끼워 태우고 있는 모습이다. 영정은 떠도는 객귀를 일컫는 말이다. 부정한 것을 막는다는 뜻으로도 쓰인다. 부정물림베를 태우는 것은 부정을 물리치는 의식이며, 태운 재는 술잔에 담아 마당에 버리게 된다.

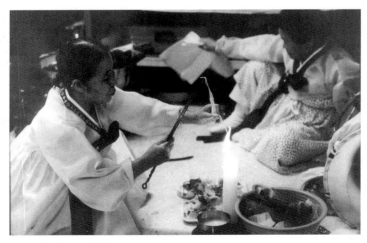

공수를 받고 있는 김매물 만신. 공수란 신의 말씀으로 만신의 입을 빌려 인간에게 전달한다. 평복차림(인간)으로 돌아와 진지하게 공수를 받으며 비손을 멈추지 않고 있다.

작두거리가 시작되기 전에 김매물만신의 단골들이 작두 받침대에 절을 하고 있다. 단골들의 작두신령님에 대한 신심은 대단한 바가 있다. 작두를 올리기도 전에 신심을 표한다.

작두를 타기 전에 작두를 놀리고 있다. 허리를 편 상태에서 혀를 내밀고 작두날로 혀를 베어내도 아무 상처가 나지 않는다. 물론 피도 흐르지 않는다. 이 이외에도 작두를 놀리는 동작으로는 허벅지를 걷고 그 위에 작두날로 내리지기, 뺨을 작두날로 찍기, 팔뚝을 걷고 작두날로 찍기 등이 있다. 그래도 아무 상처가 나지 않으면 작두신령님이 강림하신 것이다.

굿과 같은 성격이다. 황해도에서는 주로 봄이나 가을에 많이 하였다. 예전에는 가을에 많이 하였다고 한다. 햇곡식이 낳으니 먼저 신령께 바친다는 의미로 하게 된다. 봄에 하게 될 경우는 "잎피고 꽃피었으니 신령님을 모신다"하여 꽃맞이를 한다. 신령이 꽃을 좋아하기 때문인 것으로 해석하고 있다. 생활의 여유가 없었던 옛날에는 대개 3년마다 하였으나 여유가 생기면서 매년하기도 한다. 그러나 만신마다 일정하지 않다. 꽃맞이를 하게 되면 모든 단골들이 다 참가하여 몇 날 몇 일 무감을 함께 서면서 잔치를 벌인다.

여기 소개되는 만신은 김매물(62) 만신으로 해주가 고향이다. 6.25전쟁 때문에 덕적도로 피난을 나와 열아홉에 중선배 기관장과 결혼하여 1남4녀를

둔다. 어려서부터 무
병을 알아온 김매물
만신은 결국 시집간
지 6년 만에 신을 받
아 만신의 길에 들어
서야 했다. 덕적도 국
수봉 신령인 최영 장
군을 몸주신으로 모
신 후 영검하고 굿 잘
하는 큰무당으로 덕
적에서 이름을 날렸
다.

38살에 인천으로
이사하고서는 인천 부
둣가의 중선배의 뱃

작두 위에서 공수를 내리
고 나면 마지막으로 작두
밑에 모여있는 단골들과
사람들에게 복쌀을 던져
준다. 복쌀을 받으면 바
로 입에 털어 넣고 꿀꺽삼
킨다. 씹어 삼키면 안 된
다.

굿과 배연신굿은 도맡아 할 정도로 명성을 날리며
자리를 잡는다. 김매물만신은 특히 뱃굿과 물진오기
굿으로 유명하다. 물에 빠져 죽은 혼을 건져 넋을 달
래주는 물진오기를 할 때면 '진짜 귀신이 있다'
는 경탄을 자아내게 할 정도였다.

굿에 대한 해박한 식견과 아울러 뛰어난 춤솜씨도
겸비하고 있다. 그러나 무엇보다 김매물 만신이 사
람들에게 강한 인상을 남기는 것은 그의 인품과 기
품이다. 변함없는 정성과 자세로 신과 사람을 대하

는 종교인으로서의 김매물 만신에게 항상 사람이 따르며, 이런 정리로 수십년씩 형성된 단골과의 관계는 나름대로의 공동체를 구축하고 있다. 단골들끼리 자연스럽게 가족의식이 형성돼 먼저 저 세상으로 떠나는 단골을 다른 단골들이 자발적으로 경비를 모아 진오기굿을 해주며, 이는 전통으로 이미 정착하였다.

3년마다 거행하는 김매물 만신의 꽃맞이에는 이들 단골들과 다 참석하여 3일간 함께 한다. 1시간 가까이 혼자 무감을 서며 춤을 추는 단골도 흔하다. 김매물 만신의 진적굿은 모두 28거리로 이뤄진다.

통영 오구새남굿

통영지방을 중심으로 한 남해안 지역에서 전승되고 있는 망자 해원굿이다. 이 역시 바다를 끼고 있는 지역에서 행해지던 굿이라 바다에 나갔다가 돌아오지 못한 이들의 넋을 건져 해원시키는 경우가 많다. 이 굿은 죽은 망자 당사자만 풀어내는 것이 아니라 그 이전에 이승을 떠났던 조상이나 수많은 넋들까지도 함께 풀어먹인다.

통영지방은 삼도수군통제영이 오랫동안 있던 곳으로 예로부터 교방청, 고취청의 공인(工人)과 악무

부정굿
신을 맞이하기 전에 굿일 굿정을 정결하게 한다. 신을 모시러 산에 올라 신맞이를 하고 있는 모습이다.

인들을 많이 배출하던 곳이다. 이런 조건은 이 지역의 굿이 높은 예술성과 내용을 갖추는데 크게 영향을 주고 받은 것으로 보인다. 통영 오구새남굿은 이 지역의 세습무(승방, 대모 등)들에 의해 전승되어 왔으며, 이들에 의해 이뤄지는 굿으로는 도산굿(안택굿), 별산굿, 산오구굿, 신굿(내림굿), 들채굿(곽머리씻김에 해당), 광해굿(미친사람 치료굿), 큰굿, 수륙새남굿 등이 있다.

넋 건지기

"용왕님 차갑고 어두운 곳에서 기다린 망자를 찾으오니 쪼쫄한 제물 받으시고 서기줄타고 올라오는 망자를 살펴보내 주십시오" 승방(무녀)은 바다에 빠져 죽은 넋을 건겨 넋상자에 모신다.

망자가 생겨 오구새남굿 하는 날이 되면, 마당에 굿청을 마련하게 된다. 먼저 굿판 울타리에 삼한대(天王神)를 세워 굿의 시작을 천지와 사람들에게 알림과 동시에 잡귀의 침입을 막는다. 그리고 이 천왕대를 타고 망신이 하강하도록 한다. 천왕대 옆에는 반야용선을 매달아 놓아야 하며, 제물을 차리고, 혼

넋 모셔오기
바다에서 건져올린 넋을
넋상자에 모시고 마을로
돌아오고 있다.

당산굿
"당산 신령님네, 한 해 한
털 밥 한그릇 못 올리다가
길떠난 지 오래된 고온으
로 찾아들어도 옛보던 그
산천 불변해 여기가 내집
입니다. 이 길 지나면 극
락세계 가는 길이라 인사
올립니다."

당산굿을 마치고 천왕대를 앞세워 굿청이 마련된 집으로 향하려 한다.

백삭기, 사왕물고기, 열
사왕참창, 산령주리, 지
화 등을 함께 준비한
다.

굿은 대개 부정굿
— 넋 건지기 — 당산
굿(넋이 고향에 돌아
왔음을 당산신에게 신
고하는 의식) — 문넘
기(집안으로 들어가
기 위해 수문장, 토지
신령에게 알리는 의
식) — 앉힘굿(집안에
영혼을 좌정시킴) —
방안오귀굿(칠공주풀
이를 읊는다) — 제석굿 — 뱃굿 — 영둑굿(넋을 깨끗
하게 씻김) — 길닦기 — 손굿[말미](조상을 위한
굿) — 손님풀이(마마를 방지할 목적으로) — 고금
역대(인생의 허망함을 노래하면서 산사람은 탐욕을
삼가라는 내용) — 황천문답(망자가 황천에 가 부처
님 설법을 듣고 극락천도된다는 내용) — 축문(망자
에 대한 유교제사법을 기록한 축문읽기) — 환생탄
일(시왕전에 망자의 인간환생을 축원) — 시왕탄일

(열시왕을 염불로 모시고 지옥을 면하여 가라는 굿)
– 시석(여러 잡신을 대접하여 배송하는 거리) 의 순
으로 진행된다. 뱃굿은 배를 갖은 집안 사람이 바다
에 나가 죽었을 때 하는 거리이며, 육지에서 객사를

굿청의 모습이다.

신광주리춤
넋을 모셔논 신광주리를
양손에 들고 승방(무당)이
춤을 주고 있다.

길닦음.
승방은 유족들과 함께 망
자의 저승으로 가는 마지
막 길을 잘 닦아서 천도와
극락왕생을 기원한다. 저
승 노자돈을 십시일반 보
태는 마음도 잊지 않는다.

하였을 경우에는 전국의 명산 서낭신을 모셔들이는
선왕굿으로 바꿔 한다. 고금역대, 황천문답, 축문, 시
왕탄일은 큰굿을 할 경우에 하며, 염불식으로 진행
된다. 이들 염불은 불림가락에 맞춰 하는 불림굿을
이루고 있는 절차들이다.

악기편성은 피리, 젓대, 해금(아쟁), 장구, 징, 북
이다. 그 연주는 징의 타악기 합주와 피리 젓대의 3
관층 위주의 시나우 합주로 진행되는 게 특징이다.
여타 부복이나, 쓰이는 장단은 남해안 별신굿과 별
차이가 없다.

지은이 정 수 미 (鄭秀美)

경원 전문대학 사진영상과 졸업

경 력

— 대한민국 사진대전 2 회 입선 (즘공연사진) · 청구문화재 사진부문 대상 (밀양백중놀이) · 문화재 사진 공모전 대상 (밀양 백중놀이 하용부) · 인천 세미누드 촬영대회 금상 · 한국 국제 사진전 은상 · '97 문화유산의 해 조직위원회 감사패 · 그외 다수의 입상과 입선

전 시 외

— '고' 김소희 선생님 49재 주모사진전 :" 고운님 여의옵고 " 개최, (질보사) · '97 문화유산의 해 중요무형문화재 예능종목 전시외, (국립민속박물관) · 연간 외원전 3 회 · 청소년문화마당 중요무형문화재 예능종목 사진전 개최(경주 서라벌문화외관)

연재활동

— 한국사진가협회 외원 · 한국기고가 협회 외원 · 한국광고사진가협회 외원 · 전통문화사진 연구소 소장

출 판 물

— 가칭 "한국의 민속", [서문당] 제작 중], (70 여 중목수록) · 대원사 판소리 사진부문 담당 · 서울의 마을굿 12 월 중 전시 및 출판예정. (문예진흥기금 지원) · 이리농악 기록 사진담당(문화재청)

참여출판물

— 무형문화재대관 재작 참여(문화재청)

한국의 굿놀이(하) 값 7,000 원

초판 인쇄 / 2001 년 5 월 1 일

초판 발행 / 2001 년 5 월 10 일

지은이 / 정 수 미

펴낸이 / 최 석 로

펴낸곳 / 서 문 당

주 소 / 서울시 마포구 성산동 54-18 호

동산빌딩 2 층

전 화 / 322-4916~8 팩스 / 322-9154

등록일자 / 2001. 01. 10

창업일자 / 1968. 12. 24

ISBN 89-7243-510-4 등록번호 / 제 10-2093 호

89-7243-200-8(전 500 권) 잘못된 책은 바꾸어드립니다.

서문문고 목록

001~303

◆ 번호 1의 단위는 국학
◆ 번호 홀수는 명저
◆ 번호 짝수는 문학